영역별 반복집중학습 프로그램 기탄영역별수학

자료와 가능성편

수학과 교육과정에서 초등학교 수학 내용은 '수와 연산', '도형', '측정', '규칙성', '자료와 가능성'의 5개 영역으로 구성되는데, 우리가 이 교재에서 다룰 영역은 '자료와 가능성'입니다. 이 영역은 원래 '확률과 통계'에서 초등 과정에서 다루는 기초 개념에 초점을 맞추어 '자료와 가능성'으로 영역명이 변경되었습니다.

'똑같은 물건인데 나란히 붙어 있는 두 가게 중 한 집에선 1000원에 팔고 다른 한 집에선 800원에 팔 때 어디에서 사는 게 좋을까?'의 문제처럼 예측되는 결과가 명확한 경우에는 전혀 필요 없지만, 요즘과 같은 정보의 홍수 속에 필요한 정보를 선택하거나 그 정보를 토대로 책임있는 판단을 해야할 때 그 판단의 근거가 될 가능성에 대하여 생각하지 않을 수가 없습니다.

즉, 자료와 가능성은 우리가 어떤 불확실한 상황에서 합리적 판단을 할 수 있는 매우 유용한 근거가 됩니다.

따라서 이 '자료와 가능성' 영역을 통해 초등 과정에서는 실생활에서 통계가 활용되는 상황을 알아보고, 목적에 따라 자료를 수집하고, 수집된 자료를 분류하고 정리하여 표로 나타내고, 그 자료의 특성을 잘 나타내는 그래프로 표현하고 해석하는 일련의 과정을 경험하게 하는 것이 매우 중요합니다. 또한 비율이나 평균 등에 의해 집단의 특성을 수로 표현하고, 이것을 해석하며 이용할 수 있는 지식과 능력을 기르도록 하는 것이 필요합니다.

이 책의 특징

1 일상생활에서 앞으로 접하게 될 수많은 통계적 해석에 대비하여 올바른 자료의 분류 및 정리 방법(표와 각종 그래프)을 집중 연습할 수 있습니다.

우리는 생활 주변에서 텔레비전이나 신문, 인터넷 자료를 볼 때마다 다양한 통계 정보를 접하게 됩니다. 이런 통계 정보는 다음과 같은 통계의 과정을 거쳐서 주어집니다.

초등수학에서는 위의 '분류 및 정리'와 '해석' 단계에서 가장 많이 접하게 되는 표와 여러 가지 그래프 중심으로 통계 영역을 다루게 되는데 목적에 따라 각각의 특성에 맞는 정리 방법이 필요합니다. 가령 양의 크기를 비교할 때는 그림그래프나 막대그래프, 양의 변화를 나타낼 때는 꺾은선그래프, 전체에 대한 각 부분의 비율을 나타낼 때는 띠그래프나 원그래프로 나타내는 것이 해석하고 판단하기에 유용합니다.
이렇게 목적에 맞게 자료를 정리하는 것이 하루아침에 되는 것은 아니지요.
기탄영역별수학-자료와 가능성편으로 다양한 상황에 맞게 수많은 자료를 분류하고 정리해 보는 연습을 통해 내가 막연하게 알고 있던 통계적 개념들을 온전하게 나의 것으로 만들 수 있습니다.

2 일상생활에서 앞으로 일어날 수많은 선택의 상황에서 합리적 판단을 할 수 있는 근거가 되어 줄 가능성(확률)에 대한 이해의 폭이 넓어집니다.

확률(사건이 일어날 가능성)은 일기예보로 내일의 강수확률을 확인하고 우산을 챙기는 등 우연한 현상의 결과인 여러 가지 사건이 일어날 것으로 기대되는 정도를 수량화한 것을 말합니다. 확률의 중요하고 기본적인 기능은 이러한 유용성에 있습니다.
결과가 불확실한 상태에서 '어떤 선택이 좀 더 나에게 유용하고 합리적인 선택일까?' 또는 '잘못된 선택이 될 가능성이 가장 적은 것이 어떤 선택일까?'를 판단할 중요한 근거가 필요한데 그 근거가 되어줄 사고가 바로 확률(가능성)을 따져보는 일입니다.
기탄영역별수학-자료와 가능성편을 통해 합리적 판단의 확률적 근거를 세워가는 중요한 토대를 튼튼하게 다져 보세요.

이 책의 구성

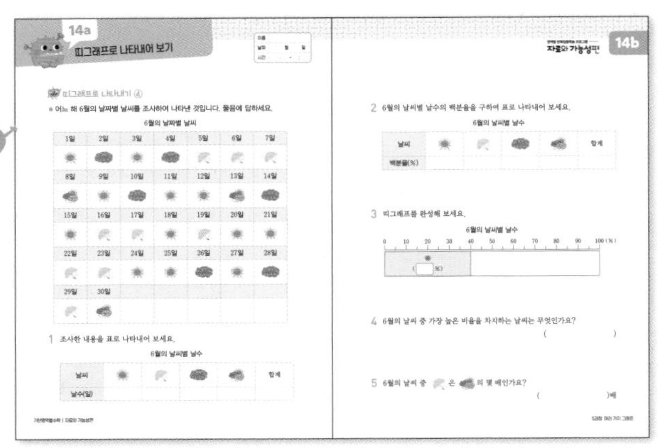

본 학습

제목을 통해 이번 차시에서 학습해야 할 내용이 무엇인지 짚어 보고, 그것을 익히기 위한 최적화된 연습문제를 반복해서 집중적으로 풀어 볼 수 있습니다.

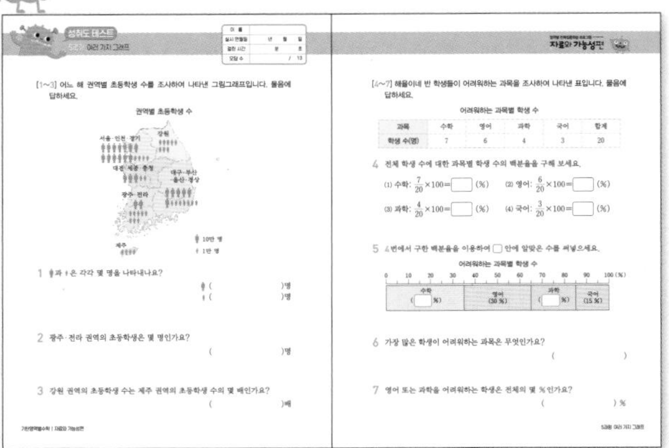

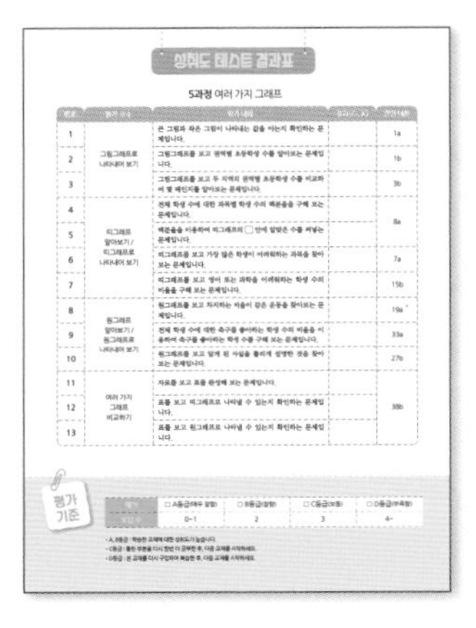

성취도 테스트

성취도 테스트는 본문에서 집중 연습한 내용을 최종적으로 한번 더 확인해 보는 문제들로 구성되어 있습니다. 성취도 테스트를 풀어 본 후, 결과표에 내가 맞은 문제인지 틀린 문제인지 체크를 해가며 각각의 문항을 통해 성취해야 할 학습목표와 학습내용을 짚어 보고, 성취된 부분과 부족한 부분이 무엇인지 확인합니다.

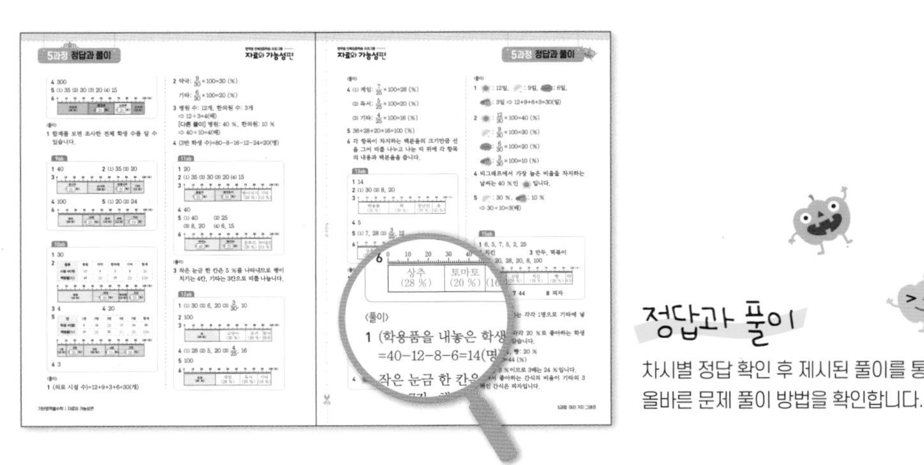

정답과 풀이

차시별 정답 확인 후 제시된 풀이를 통해 올바른 문제 풀이 방법을 확인합니다.

기탄영역별수학
자료와 가능성편

5과정
여러 가지 그래프

차례

여러 가지 그래프

그림그래프로 나타내어 보기

이름	
날짜	월 일
시간	: ~ :

그림그래프의 이해

● 마을별 농장에서 키우는 닭의 수를 조사하여 그림그래프로 나타내었습니다. 물음에 답하세요.

마을별 닭의 수

마을	닭의 수
가	
나	
다	
라	

1000마리

100마리

1  과  은 각각 몇 마리를 나타내나요?

( )마리

( )마리

2 닭을 가장 많이 키우는 마을은 어디이고, 몇 마리인가요?

( ), ( )마리

3 가 마을보다 닭을 더 적게 키우는 마을을 모두 써 보세요.

( )

● 어느 해 권역별 초등학생 수를 조사하여 그림그래프로 나타내었습니다. 물음에 답하세요.

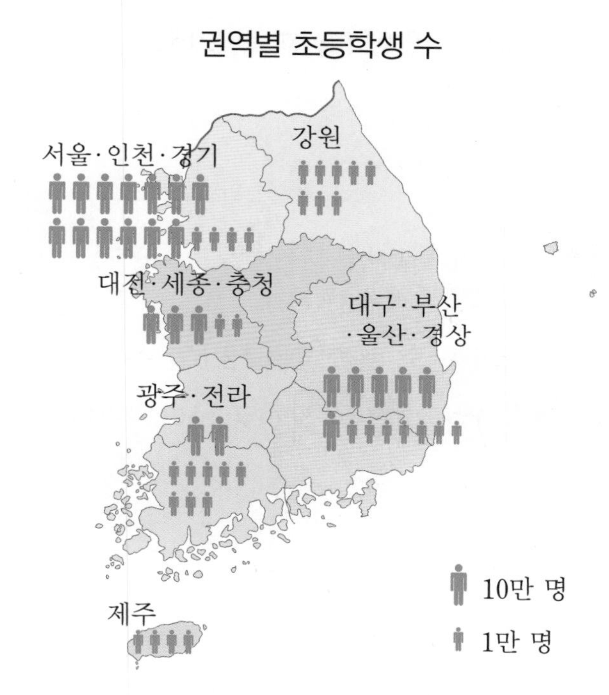

4 (10만 명 그림)과 (1만 명 그림)은 각각 몇 명을 나타내나요?

(10만 명 그림) (　　　　　　)명

(1만 명 그림) (　　　　　　)명

5 초등학생 수가 가장 적은 권역은 어디이고, 몇 명인가요?

(　　　　　　), (　　　　　　)명

6 대전·세종·충청 권역보다 초등학생 수가 더 많은 권역을 모두 써 보세요.

(　　　　　　　　　　　　)

2a 그림그래프로 나타내어 보기

이름	
날짜	월 일
시간	: ~ :

● 국가별 1인당 이산화 탄소 배출량을 나타낸 표를 보고 그림그래프로 나타내려고 합니다. 물음에 답하세요.

국가별 1인당 이산화 탄소 배출량

국가	대한민국	독일	미국	브라질
배출량(t)	12	9	15	2

• (이산화 탄소)은 10 t을, (이산화 탄소)은 1 t을 나타냅니다.

1 대한민국의 1인당 이산화 탄소 배출량은 12 t입니다. 12 t은 10 t이 1개, 1 t이 □개이므로 (이산화 탄소) 1개, (이산화 탄소) □개로 나타냅니다.

2 독일의 1인당 이산화 탄소 배출량은 9 t입니다. 9 t은 1 t이 □개이므로 (이산화 탄소) □개로 나타냅니다.

3 미국의 1인당 이산화 탄소 배출량은 15 t입니다. 15 t은 10 t이 □개, 1 t이 □개이므로 (이산화 탄소) □개, (이산화 탄소) □개로 나타냅니다.

4 국가별 1인당 이산화 탄소 배출량을 그림그래프로 나타내어 보세요.

국가별 1인당 이산화 탄소 배출량

국가	배출량
대한민국	
독일	
미국	
브라질	

(이산화 탄소) 10 t
(이산화 탄소) 1 t

5 1인당 이산화 탄소 배출량이 가장 많은 국가는 어디이고, 몇 t인가요?

( ), ( ) t

6 1인당 이산화 탄소 배출량이 가장 적은 국가는 어디이고, 몇 t인가요?

( ), ( ) t

7 1인당 이산화 탄소 배출량이 가장 많은 국가와 가장 적은 국가의 이산화 탄소 배출량의 차는 몇 t인가요?

( ) t

그림그래프로 나타내어 보기

이름	
날짜	월 일
시간	: ~ :

그림그래프로 나타내기 ②

● 어느 해 권역별 119 구조대 출동 건수를 나타낸 표를 보고 그림그래프로 나타내려고 합니다. 물음에 답하세요.

권역별 119 구조대 출동 건수

권역	출동 건수(만 건)
서울·인천·경기	35
대전·세종·충청	8
광주·전라	9
강원	4
대구·부산·울산·경상	18
제주	1

1 대전·세종·충청 권역의 119 구조대 출동 건수는 몇 건인가요?

( ) 건

2 큰 그림은 10만 건을, 작은 그림은 1만 건을 나타낼 때, 서울·인천·경기 권역의 119 구조대 출동 건수는 큰 그림 몇 개와 작은 그림 몇 개로 나타내어야 하나요?

큰 그림 ( )개
작은 그림 ( )개

3 큰 그림은 10만 건을, 작은 그림은 1만 건을 나타낼 때, 대구·부산·울산·경상 권역의 119 구조대 출동 건수는 큰 그림 몇 개와 작은 그림 몇 개로 나타내어야 하나요?

큰 그림 ( )개
작은 그림 ( )개

4 권역별 119 구조대 출동 건수를 그림그래프로 나타내어 보세요.

권역별 119 구조대 출동 건수

5 119 구조대 출동 건수가 두 번째로 적은 권역은 어디인가요?

( )

6 서울·인천·경기 권역과 강원 권역의 119 구조대 출동 건수의 합은 모두 몇 건인가요?

( ) 건

그림그래프로 나타내어 보기

이름	
날짜	월 일
시간	: ~ :

그림그래프로 나타내기 ③

● 마을별 배추 수확량을 조사하여 나타낸 표입니다. 물음에 답하세요.

마을별 배추 수확량

마을	가	나	다	라
배추 수(포기)	5180	2540	3260	4330
어림값(포기)	5200			

1 반올림하여 백의 자리까지 나타내어 표를 완성해 보세요.

2 어림값을 이용하여 그림그래프를 완성해 보세요.

마을별 배추 수확량

마을	배추 수 어림값
가	
나	
다	
라	

1000포기

100포기

3 배추 수확량이 두 번째로 많은 마을은 어디인가요?

( )

● 마을별 인터넷 가입 가구 수를 조사하여 나타낸 표입니다. 물음에 답하세요.

마을별 인터넷 가입 가구 수

마을	가	나	다	라
가구 수(가구)	33500	25450	41360	16800
어림값(가구)		25000		

4 반올림하여 천의 자리까지 나타내어 표를 완성해 보세요.

5 어림값을 이용하여 그림그래프로 나타내어 보세요.

마을별 인터넷 가입 가구 수

마을	가구 수 어림값
가	
나	
다	
라	

10000가구
1000가구

6 가 마을과 다 마을의 인터넷 가입 가구 수를 어림한 값의 차는 몇 가구인가요?

( )가구

그림그래프로 나타내어 보기

이름	
날짜	월 일
시간	: ~ :

그림그래프로 나타내기 ④

● 우리나라 권역별 초등학교 수를 조사하여 나타낸 표입니다. 물음에 답하세요.

권역별 초등학교 수

권역	학교 수(개)	어림값(개)
서울·인천·경기	2134	
대전·세종·충청	864	
광주·전라	1003	
강원	349	
대구·부산·울산·경상	1624	
제주	113	

1 반올림하여 백의 자리까지 나타내어 표를 완성해 보세요.

2 권역별 초등학교 수의 어림값을 (큰 그림)은 1000개, (작은 그림)은 100개로 나타내려고 합니다. 서울·인천·경기 권역의 초등학교 수는 (큰 그림) 몇 개와 (작은 그림) 몇 개로 나타내어야 하나요?

(큰 그림) (　　　　　　)개
(작은 그림) (　　　　　　)개

3 권역별 초등학교 수의 어림값을 (큰 그림)은 1000개, (작은 그림)은 100개로 나타내려고 합니다. 대구·부산·울산·경상 권역의 초등학교 수는 (큰 그림) 몇 개와 (작은 그림) 몇 개로 나타내어야 하나요?

(큰 그림) (　　　　　　)개
(작은 그림) (　　　　　　)개

4 권역별 초등학교 수의 어림값을 그림그래프로 나타내어 보세요.

5 강원 권역의 초등학교 수는 제주 권역의 초등학교 수의 약 몇 배인가요?

약 (　　　　　　　　　)배

6 4번의 그림그래프를 보고 더 알 수 있는 내용을 말해 보세요.

띠그래프 알아보기

이름	
날짜	월 일
시간	: ~ :

띠그래프 알기 ①

● 새롬이네 반 학생들이 좋아하는 계절을 조사하여 나타낸 그래프입니다. 알맞은 말에 ○표 하거나 □ 안에 알맞은 수를 써넣으세요.

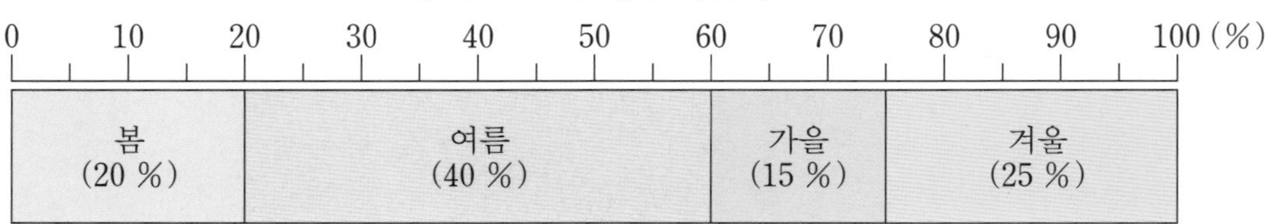

1 위와 같이 전체에 대한 각 부분의 비율을 띠 모양에 나타낸 그래프를 (그림그래프 , 띠그래프)라고 합니다.

전체에 대한 각 부분의 비율을 띠 모양에 나타낸 그래프를 띠그래프라고 합니다.

2 봄은 전체의 □ %입니다.

3 가을은 전체의 □ %입니다.

4 조사한 각 항목별 백분율의 합계는 □ %입니다.

5 작은 눈금 한 칸의 크기는 □ %입니다.

● 준우네 반 학생들의 혈액형을 조사하여 나타낸 그래프입니다. 물음에 답하세요.

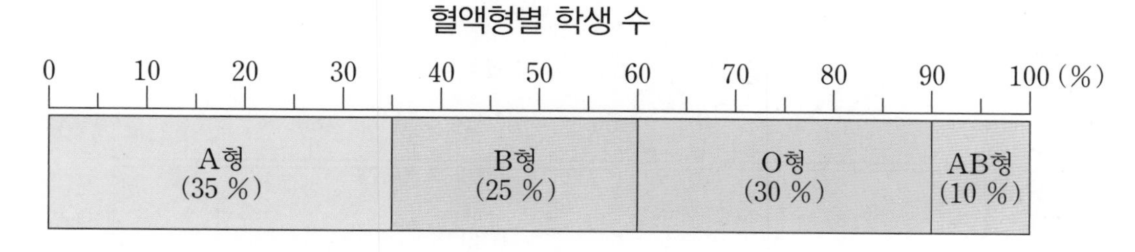

6 위와 같이 전체에 대한 각 부분의 비율을 띠 모양에 나타낸 그래프를 무엇이라고 하나요?

( )

7 혈액형이 B형인 학생은 전체의 몇 %인가요?

( ) %

8 혈액형이 AB형인 학생은 전체의 몇 %인가요?

( ) %

9 각 혈액형별 백분율을 모두 더하면 몇 %인가요?

( ) %

10 작은 눈금 한 칸의 크기는 몇 %인가요?

( ) %

7a 띠그래프 알아보기

이름	
날짜	월 일
시간	: ~ :

띠그래프 알기 ②

● 지윤이네 반 학생들이 좋아하는 과일을 조사하여 나타낸 그래프입니다. 물음에 답하세요.

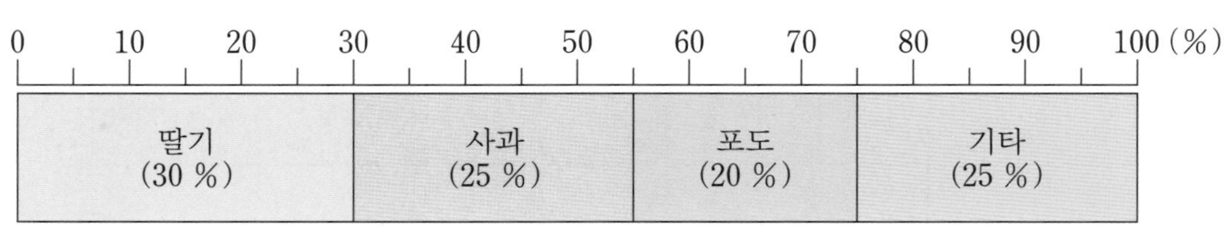

1 사과를 좋아하는 학생은 전체의 몇 % 인가요?

( ) %

2 학생들이 좋아하는 과일 중에서 전체의 20 %를 차지하는 과일은 무엇인가요?

( )

3 가장 많은 학생이 좋아하는 과일은 전체의 몇 % 인가요?

( ) %

4 띠그래프를 보고 학생들이 좋아하는 과일 중에 기타에는 어떤 과일이 있는지 알 수 있나요?

( )

● 은수네 반 학급 문고에 있는 책의 종류를 조사하여 나타낸 그래프입니다. 물음에 답하세요.

학급 문고에 있는 종류별 책의 수

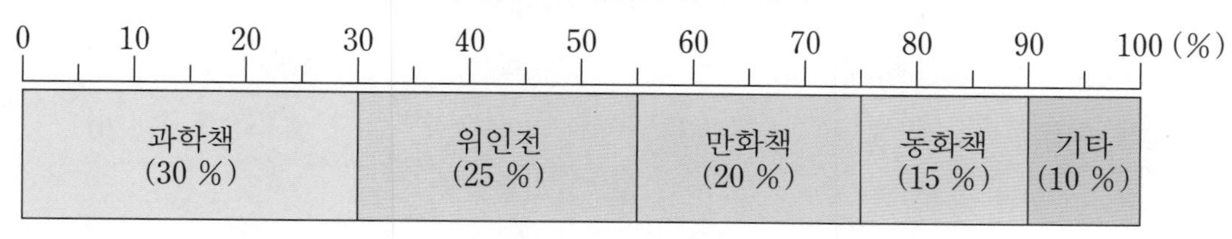

5 학급 문고에 있는 만화책은 전체의 몇 %인가요?

( ) %

6 학급 문고에 있는 책 중에서 전체의 15 %를 차지하는 책은 무엇인가요?

( )

7 학급 문고에 있는 책 중에서 두 번째로 많은 책은 무엇이고, 몇 %인가요?

( ), ( ) %

8 학급 문고에 있는 책 중에서 과학책 수는 동화책 수의 몇 배인가요?

( )배

띠그래프 알아보기

이름	
날짜	월 일
시간	: ~ :

띠그래프 알기 ③

● 태훈이네 반 학생들이 좋아하는 운동을 조사하여 나타낸 표입니다. 물음에 답하세요.

좋아하는 운동별 학생 수

운동	축구	야구	농구	배구	합계
학생 수(명)	8	6	4	2	20

1 조사한 학생은 모두 몇 명인가요?

( )명

2 전체 학생 수에 대한 운동별 학생 수의 백분율을 구해 보세요.

(1) 축구: $\frac{8}{20}\times100=\square$ (%)

(2) 야구: $\frac{6}{20}\times100=\square$ (%)

(3) 농구: $\frac{4}{20}\times100=\square$ (%)

(4) 배구: $\frac{2}{20}\times100=\square$ (%)

3 2번에서 구한 백분율을 이용하여 □ 안에 알맞은 수를 써넣으세요.

좋아하는 운동별 학생 수

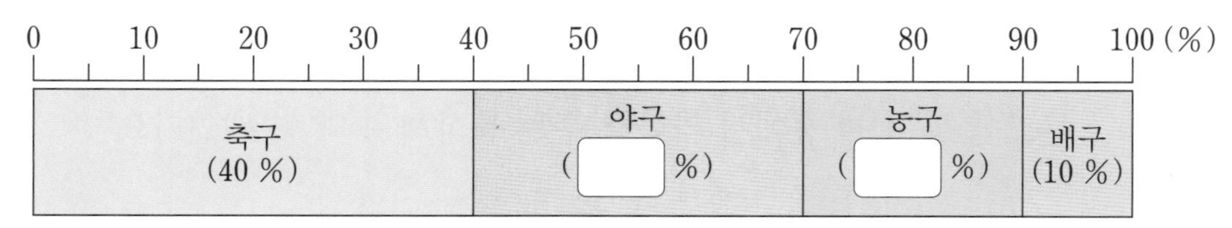

● 유선이네 학교 6학년 학생들이 좋아하는 색깔을 조사하여 나타낸 표입니다. 물음에 답하세요.

좋아하는 색깔별 학생 수

색깔	파란색	빨간색	노란색	보라색	합계
학생 수(명)	105	90	60	45	300

4 조사한 학생은 모두 몇 명인가요?

( )명

5 전체 학생 수에 대한 색깔별 학생 수의 백분율을 구해 보세요.

(1) 파란색: $\frac{105}{300}\times100=$ ☐ (%) (2) 빨간색: $\frac{90}{300}\times100=$ ☐ (%)

(3) 노란색: $\frac{60}{300}\times100=$ ☐ (%) (4) 보라색: $\frac{45}{300}\times100=$ ☐ (%)

6 5번에서 구한 백분율을 이용하여 ☐ 안에 알맞은 수를 써넣으세요.

좋아하는 색깔별 학생 수

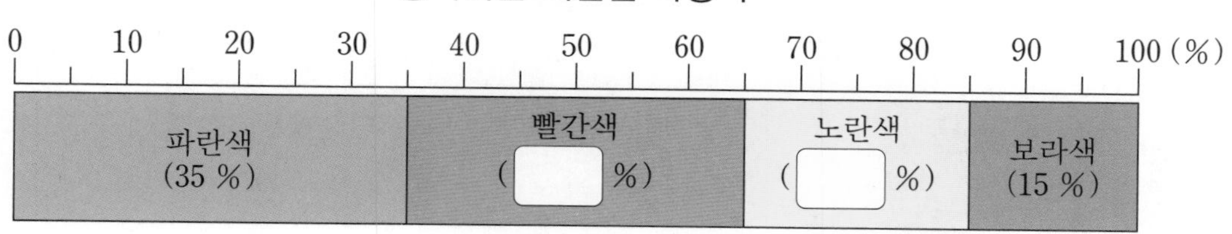

띠그래프 알아보기

이름	
날짜	월 일
시간	: ~ :

띠그래프 알기 ④

● 소은이네 학교에 있는 나무의 종류를 조사하여 나타낸 표입니다. 물음에 답하세요.

학교에 있는 종류별 나무 수

종류	벚나무	소나무	단풍나무	기타	합계
나무 수(그루)	14	12	8	6	40
백분율(%)		30		15	100

1 학교에 있는 나무는 모두 몇 그루인가요?

( )그루

2 전체 나무 수에 대한 종류별 나무 수의 백분율을 구해 보세요.

(1) 벚나무: $\frac{14}{40}\times100=$ ☐ (%)　(2) 단풍나무: $\frac{8}{40}\times100=$ ☐ (%)

3 2번에서 구한 백분율을 이용하여 ☐ 안에 알맞은 수를 써넣으세요.

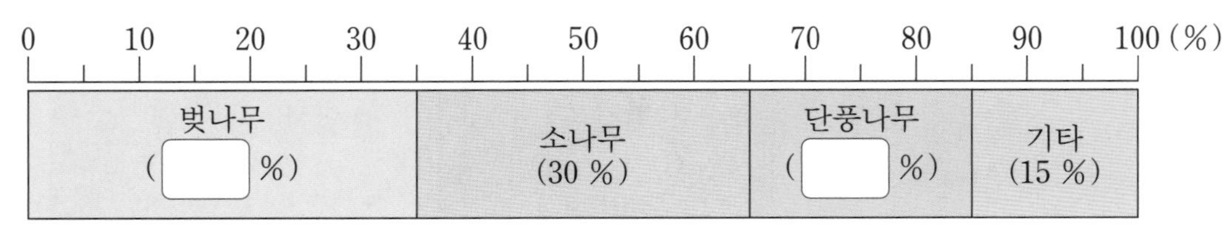

● 지호네 반 학생들이 좋아하는 과목을 조사하여 나타낸 표입니다. 물음에 답하세요.

좋아하는 과목별 학생 수

과목	체육	수학	음악	과학	기타	합계
학생 수(명)	7	5	4	3	6	25
백분율(%)	28		16	12		100

4 각 과목별 백분율을 모두 더하면 몇 %인가요?

( ) %

5 전체 학생 수에 대한 과목별 학생 수의 백분율을 구해 보세요.

(1) 수학: $\frac{5}{25} \times 100 = \square$ (%) (2) 기타: $\frac{6}{25} \times 100 = \square$ (%)

6 5번에서 구한 백분율을 이용하여 □ 안에 알맞은 수를 써넣으세요.

좋아하는 과목별 학생 수

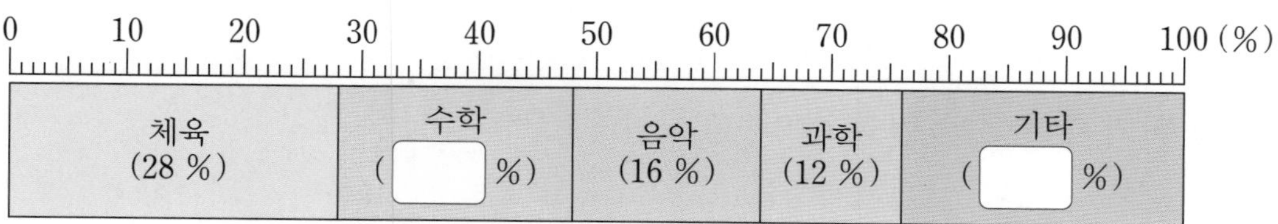

띠그래프 알아보기

이름	
날짜	월 일
시간	: ~ :

띠그래프 알기 ⑤

● 어느 도시에 있는 종류별 의료 시설을 조사하여 나타낸 표와 띠그래프입니다. 물음에 답하세요.

종류별 의료 시설 수

종류	병원	약국	한의원	기타	합계
시설 수(개)	12	9	3	6	
백분율(%)	40		10		

종류별 의료 시설 수

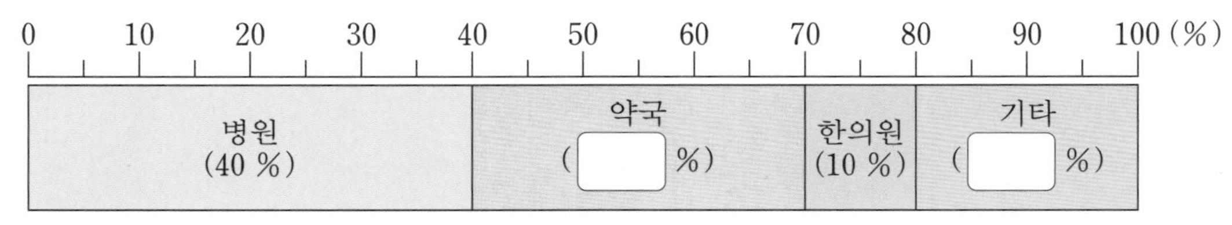

1 조사한 의료 시설은 모두 몇 개인가요?

( )개

2 전체 의료 시설 수에 대한 종류별 의료 시설 수의 백분율을 구하여 표를 완성해 보고, 띠그래프의 □ 안에 알맞은 수를 써넣으세요.

3 병원의 수는 한의원의 수의 몇 배인가요?

( )배

● 서진이네 학교 6학년 학생들이 봉사 활동에 참가한 반별 학생 수를 조사하여 나타낸 표와 띠그래프입니다. 물음에 답하세요.

봉사 활동에 참가한 반별 학생 수

반	1반	2반	3반	4반	5반	합계
학생 수(명)	8	16		12	24	80
백분율(%)	10		25			

봉사 활동에 참가한 반별 학생 수

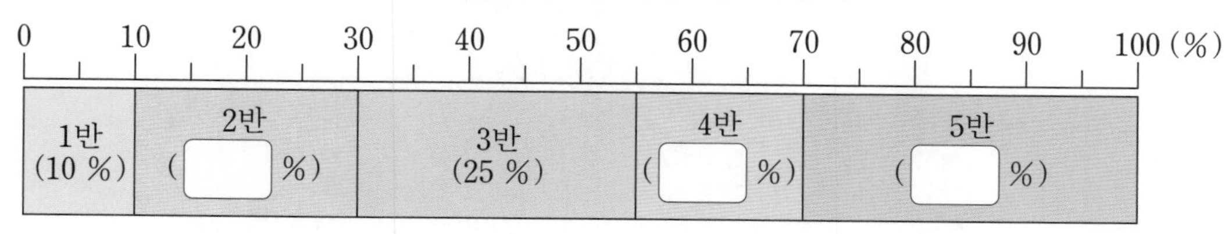

4 봉사 활동에 참가한 3반 학생은 몇 명인가요?

(　　　　　　　　)명

5 전체 학생 수에 대한 반별 학생 수의 백분율을 구하여 표를 완성해 보고, 띠그래프의 ☐ 안에 알맞은 수를 써넣으세요.

6 봉사 활동에 참가한 5반 학생 수는 1반 학생 수의 몇 배인가요?

(　　　　　　　　)배

띠그래프로 나타내어 보기

이름	
날짜	월 일
시간	: ~ :

띠그래프로 나타내기 ①

● 우주네 반 학생들이 좋아하는 전통놀이를 조사하여 나타낸 표입니다. 물음에 답하세요.

좋아하는 전통놀이별 학생 수

전통놀이	윷놀이	제기차기	팽이치기	기타	합계
학생 수(명)	7	6	4	3	

1 우주네 반 학생은 모두 몇 명인가요?

( )명

2 전체 학생 수에 대한 전통놀이별 학생 수의 백분율을 구해 보세요.

(1) 윷놀이: $\frac{7}{20}\times100=$ □ (%) (2) 제기차기: $\frac{6}{20}\times100=$ □ (%)

(3) 팽이치기: $\frac{4}{20}\times100=$ □ (%) (4) 기타: $\frac{3}{20}\times100=$ □ (%)

3 2번에서 구한 백분율을 이용하여 띠그래프를 완성해 보세요.

좋아하는 전통놀이별 학생 수

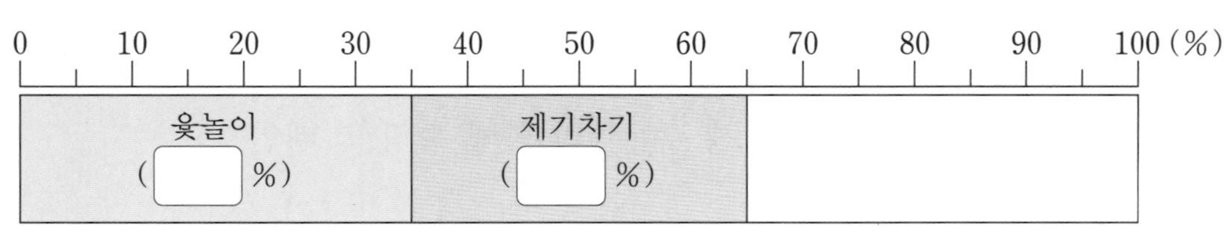

● 유진이네 학교 학생들이 방과 후 배우는 악기를 조사하여 나타낸 표입니다. 물음에 답하세요.

방과 후 배우는 악기별 학생 수

악기	피아노	통기타	플루트	바이올린	합계
학생 수(명)	16	10	8	6	

4 방과 후 악기를 배우는 학생은 모두 몇 명인가요?

( )명

5 전체 학생 수에 대한 악기별 학생 수의 백분율을 구해 보세요.

(1) 피아노: $\frac{16}{40}\times100=\square$ (%) (2) 통기타: $\frac{10}{40}\times100=\square$ (%)

(3) 플루트: $\frac{\square}{40}\times100=\square$ (%) (4) 바이올린: $\frac{\square}{40}\times100=\square$ (%)

6 5번에서 구한 백분율을 이용하여 띠그래프를 완성해 보세요.

방과 후 배우는 악기별 학생 수

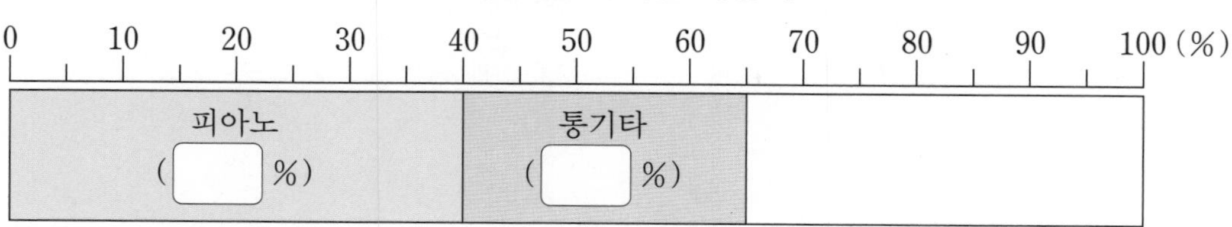

띠그래프로 나타내어 보기

이름	
날짜	월 일
시간	: ~ :

띠그래프로 나타내기 ②

● 혜민이네 반 학생들이 기르고 싶은 동물을 조사하여 나타낸 표입니다. 물음에 답하세요.

기르고 싶은 동물별 학생 수

동물	개	고양이	토끼	햄스터	합계
학생 수(명)	12	9	6	3	30
백분율(%)	40				

1 전체 학생 수에 대한 동물별 학생 수의 백분율을 구해 보세요.

(1) 고양이: $\frac{9}{30}\times100=\square$ (%) (2) 토끼: $\frac{\square}{30}\times100=\square$ (%)

(3) 햄스터: $\frac{\square}{\square}\times100=\square$ (%)

2 각 동물별 백분율을 모두 더하면 몇 %인가요?

( ) %

3 띠그래프를 완성해 보세요.

기르고 싶은 동물별 학생 수

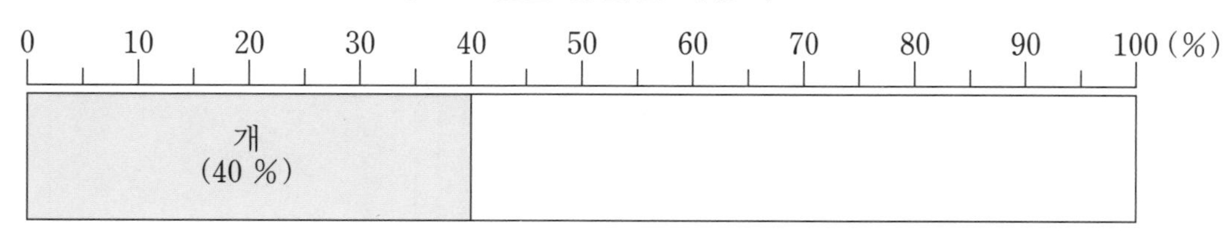

● 태호네 반 학생들의 취미를 조사하여 나타낸 표입니다. 물음에 답하세요.

취미별 학생 수

취미	운동	게임	독서	기타	합계
학생 수(명)	9	7	5	4	25
백분율(%)	36				

4 전체 학생 수에 대한 취미별 학생 수의 백분율을 구해 보세요.

(1) 게임: $\frac{7}{25}\times100=\square$ (%)　　(2) 독서: $\frac{\square}{25}\times100=\square$ (%)

(3) 기타: $\frac{\square}{\square}\times100=\square$ (%)

5 각 취미별 백분율을 모두 더하면 몇 %인가요?

(　　　　　　　　) %

6 띠그래프를 완성해 보세요.

취미별 학생 수

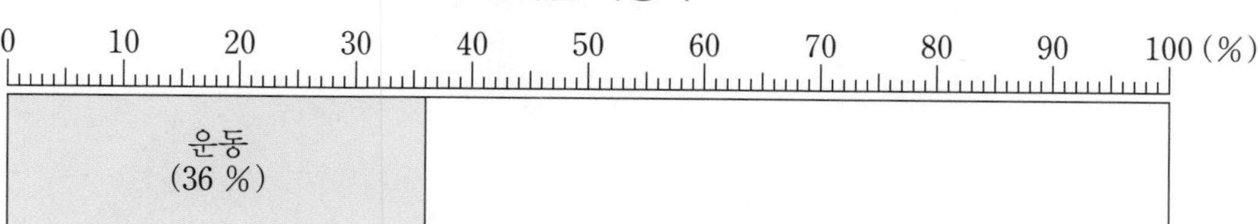

띠그래프로 나타내어 보기

이름	
날짜	월 일
시간	: ~ :

띠그래프로 나타내기 ③

● 시윤이네 학교 학생들이 벼룩시장에 내놓은 한 가지 물건을 조사하여 나타낸 표입니다. 물음에 답하세요.

벼룩시장에 내놓은 물건별 학생 수

물건	학용품	책	장난감	옷	합계
학생 수(명)		12	8	6	40
백분율(%)	35			15	100

1 벼룩시장에 학용품을 내놓은 학생은 몇 명인가요?

( )명

2 전체 학생 수에 대한 물건별 학생 수의 백분율을 구해 보세요.

(1) 책: $\frac{12}{40}\times 100=\square$ (%)　　(2) 장난감: $\frac{\square}{40}\times 100=\square$ (%)

3 띠그래프로 나타내어 보세요.

벼룩시장에 내놓은 물건별 학생 수

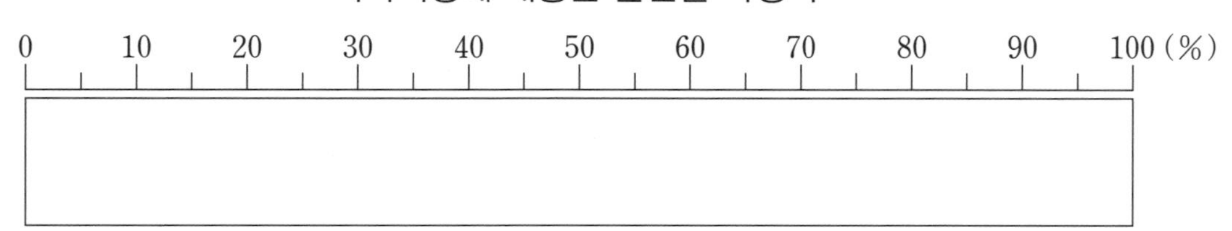

● 세령이네 집의 텃밭에서 기르는 농작물별 땅의 넓이를 조사하여 나타낸 표입니다. 물음에 답하세요.

농작물별 땅의 넓이

농작물	상추	토마토	감자	당근	기타	합계
넓이(m^2)	7		4	3	6	25
백분율(%)		20	16		24	100

4 토마토를 심은 땅의 넓이는 몇 m^2인가요?

( ) m^2

5 전체 땅의 넓이에 대한 농작물별 땅의 넓이의 백분율을 구해 보세요.

(1) 상추: $\frac{\square}{25} \times 100 = \square$ (%) (2) 당근: $\frac{\square}{\square} \times 100 = \square$ (%)

6 띠그래프로 나타내어 보세요.

농작물별 땅의 넓이

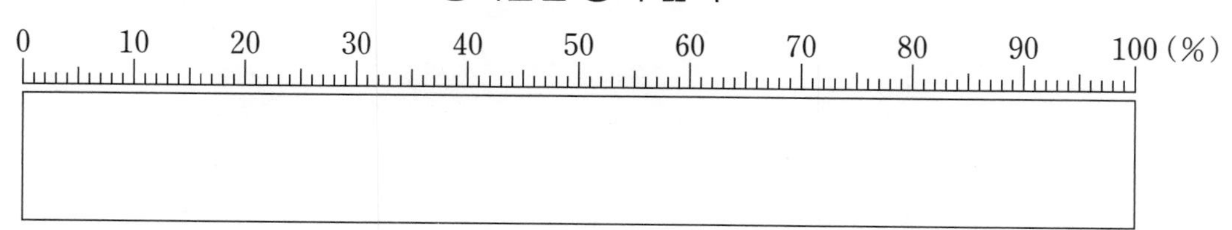

띠그래프로 나타내어 보기

이름	
날짜	월 일
시간	: ~ :

띠그래프로 나타내기 ④

● 어느 해 6월의 날짜별 날씨를 조사하여 나타낸 것입니다. 물음에 답하세요.

6월의 날짜별 날씨

1일	2일	3일	4일	5일	6일	7일
8일	9일	10일	11일	12일	13일	14일
15일	16일	17일	18일	19일	20일	21일
22일	23일	24일	25일	26일	27일	28일
29일	30일					

1 조사한 내용을 표로 나타내어 보세요.

6월의 날씨별 날수

날씨					합계
날수(일)					

2 6월의 날씨별 날수의 백분율을 구하여 표로 나타내어 보세요.

6월의 날씨별 날수

날씨					합계
백분율(%)					

3 띠그래프를 완성해 보세요.

6월의 날씨별 날수

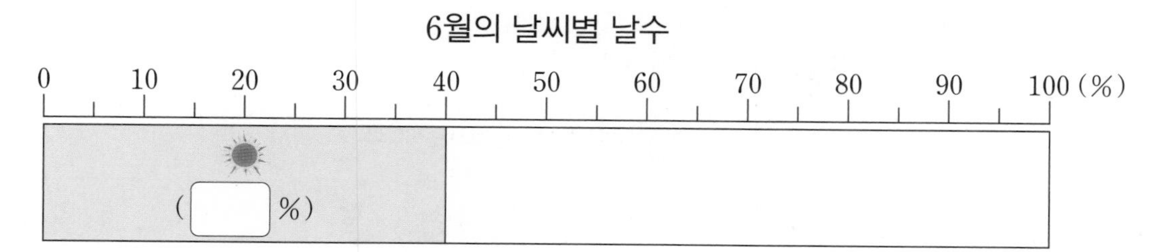

4 6월의 날씨 중 가장 높은 비율을 차지하는 날씨는 무엇인가요?

( )

5 6월의 날씨 중 은 의 몇 배인가요?

( )배

띠그래프로 나타내어 보기

이름	
날짜	월 일
시간	: ~ :

띠그래프로 나타내기 ⑤

● 규현이네 반 학생들이 좋아하는 간식을 조사하여 나타낸 것입니다. 물음에 답하세요.

학생들이 좋아하는 간식

이름	간식	이름	간식	이름	간식	이름	간식	이름	간식
규현	피자	서연	빵	진수	빵	준서	김밥	유준	치킨
유찬	만두	하늘	빵	지우	피자	서현	치킨	지아	피자
하율	김밥	은서	피자	재환	치킨	하은	김밥	다솜	김밥
주원	치킨	시우	김밥	도윤	떡볶이	수빈	피자	서아	치킨
지호	치킨	하린	빵	채원	치킨	은비	피자	민서	빵

1 조사한 내용을 표로 나타내어 보세요.

좋아하는 간식별 학생 수

간식	피자	김밥	치킨	빵	기타	합계
학생 수(명)						

2 가장 많은 학생이 좋아하는 간식은 무엇인가요?

( )

3 기타에 넣은 간식을 모두 써 보세요.

( )

4 전체 학생 수에 대한 간식별 학생 수의 백분율을 구하여 표로 나타내어 보세요.

좋아하는 간식별 학생 수

간식	피자	김밥	치킨	빵	기타	합계
백분율(%)						

5 띠그래프를 완성해 보세요.

좋아하는 간식별 학생 수

0 10 20 30 40 50 60 70 80 90 100 (%)

피자
(%)

6 김밥을 좋아하는 학생 수와 비율이 같은 간식은 무엇인가요?

( )

7 피자 또는 빵을 좋아하는 학생은 전체의 몇 %인가요?

( ) %

8 좋아하는 간식의 비율이 기타의 3배인 간식은 무엇인가요?

( )

16a

띠그래프로 나타내어 보기

이름	
날짜	월 일
시간	: ~ :

띠그래프로 나타내기 ⑥

● 글을 읽고 물음에 답하세요.

서우네 학교 학생들을 대상으로 점심시간에 하는 활동을 조사하였습니다. 보드게임은 90명, 줄넘기는 75명, 축구는 60명, 독서는 45명, 기타는 30명입니다.

1 조사한 서우네 학교 학생은 모두 몇 명인가요?

( )명

2 위의 자료를 보고 표를 완성해 보세요.

점심시간에 하는 활동별 학생 수

활동	보드게임	줄넘기	축구	독서	기타	합계
학생 수(명)	90		60	45		
백분율(%)		25			10	

3 띠그래프로 나타내어 보세요.

점심시간에 하는 활동별 학생 수

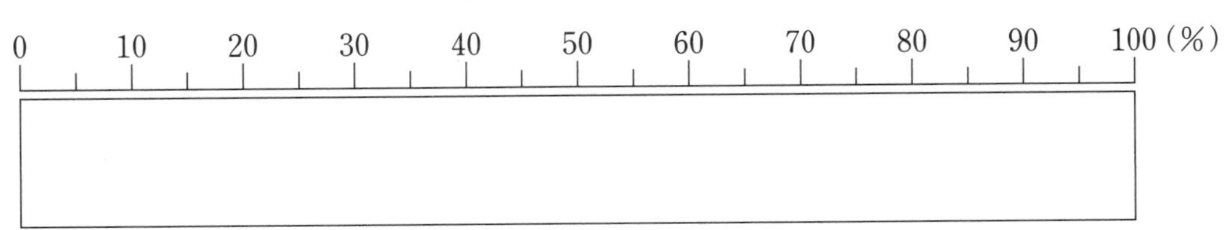

4 점심시간에 하는 활동 중 가장 높은 비율을 차지하는 것은 무엇인가요?

( )

5 점심시간에 하는 활동 중 줄넘기 또는 축구는 전체의 몇 %인가요?

( ) %

6 점심시간에 하는 활동 중 비율이 25 % 이상인 것을 모두 써 보세요.

( )

7 점심시간에 하는 활동 중 비율이 보드게임의 $\frac{1}{2}$인 것은 무엇인가요?

( )

8 띠그래프로 나타내는 순서를 바르게 써 보세요.

㉠ 띠그래프의 제목을 씁니다.
㉡ 자료를 보고 각 항목의 백분율을 구합니다.
㉢ 각 항목의 백분율의 합계가 100 %가 되는지 확인합니다.
㉣ 나눈 부분에 각 항목의 내용과 백분율을 씁니다.
㉤ 각 항목이 차지하는 백분율의 크기만큼 선을 그어 띠를 나눕니다.

( )

17a

띠그래프로 나타내어 보기

이름	
날짜	월 일
시간	: ~ :

● 글을 읽고 물음에 답하세요.

윤성이가 한 달 동안 사용한 용돈의 쓰임새를 기록하였습니다. 용돈을 저금 16000원, 군것질 8000원, 학용품 7200원, 불우 이웃 돕기 5600원, 기타 3200원에 사용하였습니다.

1 윤성이가 한 달 동안 사용한 용돈은 얼마인가요?

( )원

2 위의 자료를 보고 표를 완성해 보세요.

용돈의 쓰임새별 금액

용돈의 쓰임새	저금	군것질	학용품	불우 이웃 돕기	기타	합계
금액(원)		8000		5600	3200	
백분율(%)	40		18			

3 띠그래프로 나타내어 보세요.

용돈의 쓰임새별 금액

0 10 20 30 40 50 60 70 80 90 100 (%)

4 전체의 14 %를 차지하는 용돈의 쓰임새는 무엇인가요?

( )

5 용돈의 쓰임새가 가장 많은 것은 무엇이고, 전체의 몇 %인가요?

( ), ( ) %

6 군것질 또는 학용품을 사는 데 사용한 금액은 전체의 몇 %인가요?

( ) %

7 용돈의 쓰임새 중 비율이 저금의 $\frac{1}{2}$인 것은 무엇인가요?

( )

8 3번의 띠그래프를 보고 알 수 있는 내용을 두 가지 써 보세요.

-
-

18a

원그래프 알아보기

이름	
날짜	월 일
시간	: ~ :

원그래프 알기 ①

- 시우네 반 학생들이 좋아하는 주스를 조사하여 나타낸 그래프입니다. 알맞은 말에 ○표 하거나 ☐ 안에 알맞은 수를 써넣으세요.

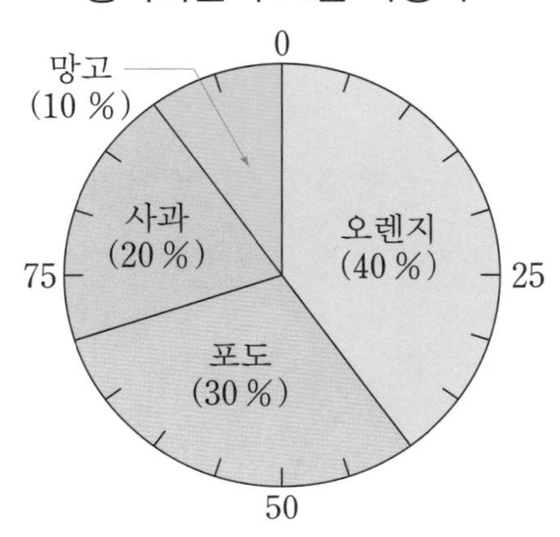

전체에 대한 각 부분의 비율을 원 모양에 나타낸 그래프를 원그래프라고 합니다.

1 위와 같이 나타낸 그래프를 (띠그래프 , 원그래프)라고 합니다.

2 오렌지 주스를 좋아하는 학생은 전체의 ☐ %입니다.

3 사과 주스를 좋아하는 학생은 전체의 ☐ %입니다.

4 조사한 각 항목별 백분율의 합계는 ☐ %입니다.

● 은솔이네 학교 6학년 학생들의 형제자매 수를 조사하여 나타낸 그래프입니다. 물음에 답하세요.

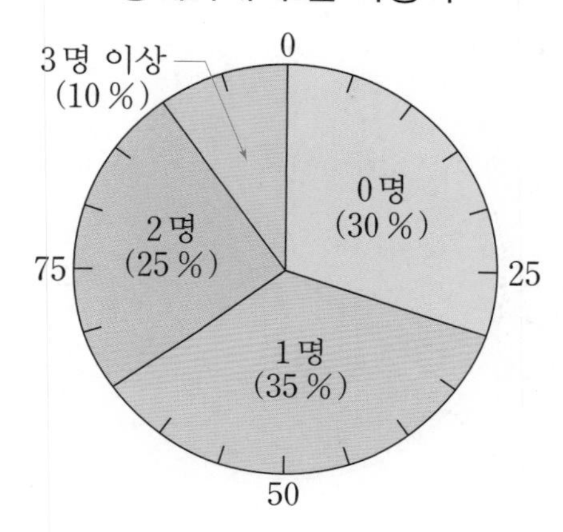

5 위와 같이 전체에 대한 각 부분의 비율을 원 모양에 나타낸 그래프를 무엇이라고 하나요?

( )

6 형제자매가 1명인 학생은 전체의 몇 %인가요?

( ) %

7 형제자매가 3명 이상인 학생은 전체의 몇 %인가요?

( ) %

8 각 형제자매 수별 백분율을 모두 더하면 몇 %인가요?

( ) %

19a 원그래프 알아보기

이름	
날짜	월 일
시간	: ~ :

원그래프 알기 ②

- 지민이네 반 학생들이 가장 어려워하는 과목을 조사하여 나타낸 원그래프입니다. 물음에 답하세요.

가장 어려워하는 과목별 학생 수

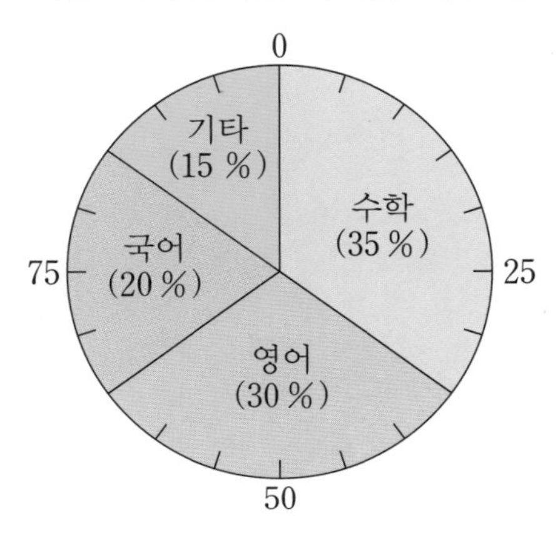

1 가장 많은 학생이 어려워하는 과목은 무엇인가요?

( )

2 가장 어려워하는 과목 중에서 전체의 20 %를 차지하는 과목은 무엇인가요?

( )

3 알맞은 말에 ○표 하세요.

비율이 높을수록 어려워하는 과목별 학생 수가 (많습니다 , 적습니다).

● 은호네 마을 사람들이 즐겨 보는 인터넷 신문의 종류를 조사하여 나타낸 원그래프입니다. 물음에 답하세요.

인터넷 신문 종류별 구독 수

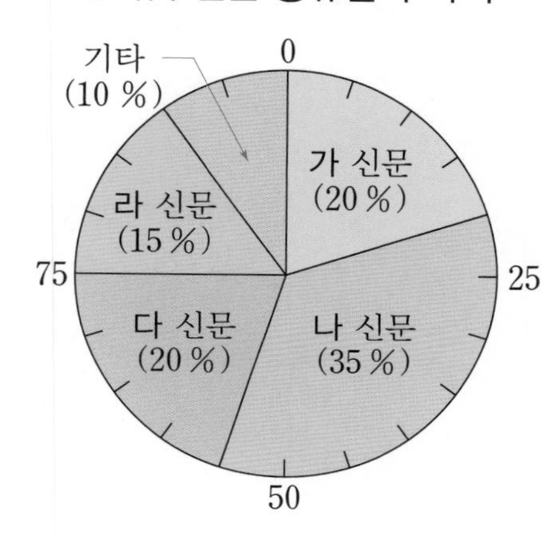

4 라 신문을 보는 사람은 전체의 몇 %인가요?

( ) %

5 가장 많이 보는 신문은 무엇이고, 전체의 몇 %인가요?

( ), ( ) %

6 신문을 보는 비율이 가 신문과 같은 신문은 무엇인가요?

( )

원그래프 알아보기

이름	
날짜	월 일
시간	: ~ :

원그래프 알기 ③

● 민수네 반 학생들이 배우는 운동을 한 가지씩 조사하여 나타낸 원그래프입니다. 물음에 답하세요.

배우는 운동별 학생 수

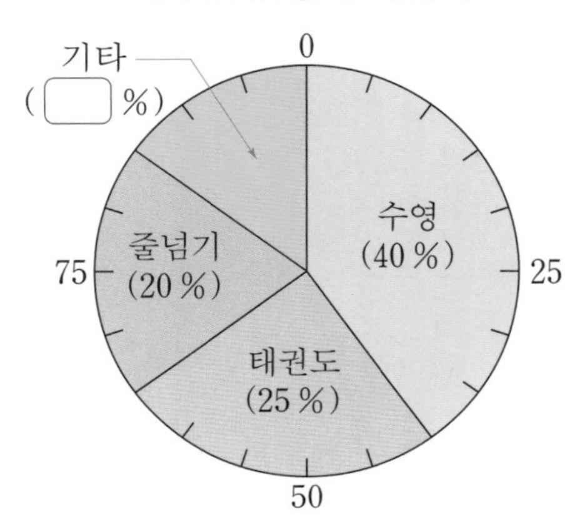

1 기타 운동을 배우는 학생은 전체의 몇 % 인가요?

( ) %

2 태권도 또는 줄넘기를 배우는 학생은 전체의 몇 % 인가요?

( ) %

3 수영을 배우는 학생의 비율은 줄넘기를 배우는 학생의 비율의 몇 배인가요?

( )배

● 수빈이네 학교 6학년 학생들이 가고 싶은 수학여행 지역을 조사하여 나타낸 원그래프입니다. 물음에 답하세요.

수학여행 지역별 학생 수

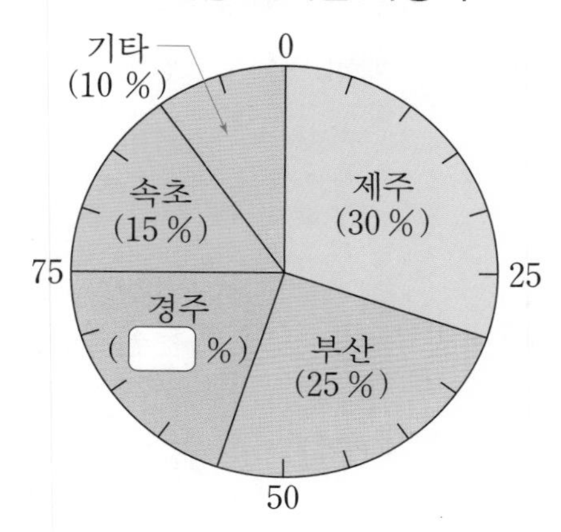

4 경주로 수학여행을 가고 싶은 학생은 전체의 몇 %인가요?

( ) %

5 두 번째로 많은 학생들이 수학여행을 가고 싶은 지역은 어디이고, 몇 %인가요?

( ), ( ) %

6 기타 지역으로 수학여행을 가고 싶은 학생의 비율의 3배인 지역은 어디인가요?

( )

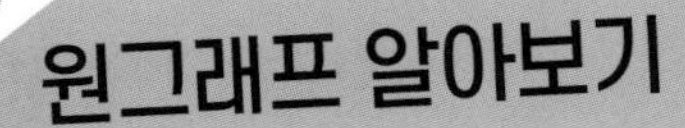

원그래프 알아보기

이름	
날짜	월 일
시간	: ~ :

원그래프 알기 ④

● 기탄 수영장에 다니는 학생들의 수영 강습 단계를 조사하여 나타낸 표입니다. 물음에 답하세요.

수영 강습 단계별 학생 수

단계	자유형	배영	평영	접영	합계
학생 수(명)	20	15	10	5	50
백분율(%)		30		10	100

1 전체 학생 수에 대한 단계별 학생 수의 백분율을 구해 보세요.

(1) 자유형: $\frac{20}{50}\times 100=\square$ (%) (2) 평영: $\frac{10}{50}\times 100=\square$ (%)

2 1번에서 구한 백분율을 이용하여 □ 안에 알맞은 수를 써넣으세요.

수영 강습 단계별 학생 수

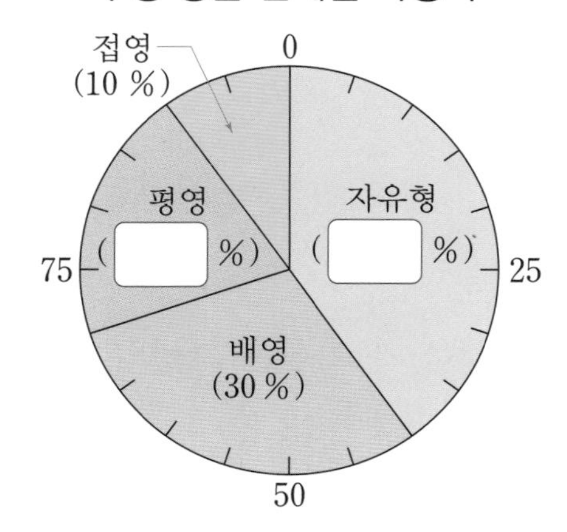

● 소민이네 학교 회장 선거에서 후보자별 득표 수를 조사하여 나타낸 표입니다. 물음에 답하세요.

후보자별 득표 수

후보	예은	정민	보라	은결	합계
득표 수(표)	70	60	50	20	200
백분율(%)	35			10	100

3 전체 학생 수에 대한 후보자별 득표 수의 백분율을 구해 보세요.

(1) 정민: $\frac{60}{200}\times100=\square$ (%) (2) 보라: $\frac{50}{200}\times100=\square$ (%)

4 3번에서 구한 백분율을 이용하여 $\square$ 안에 알맞은 수를 써넣으세요.

후보자별 득표 수

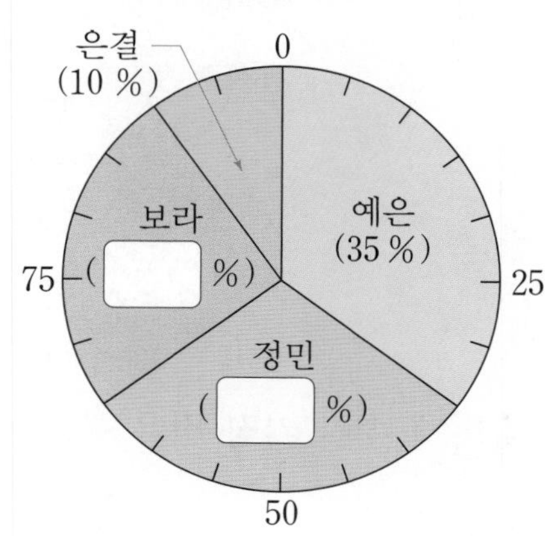

원그래프 알아보기

이름	
날짜	월 일
시간	: ~ :

원그래프 알기 ⑤

● 성준이네 반 학생들이 좋아하는 음식의 종류를 조사하여 나타낸 표입니다. 물음에 답하세요.

좋아하는 음식 종류별 학생 수

음식 종류	중식	한식	양식	일식	합계
학생 수(명)	12	9	6	3	30
백분율(%)	40			10	

1 전체 학생 수에 대한 음식 종류별 학생 수의 백분율을 구하여 표를 완성해 보세요.

2 1번에서 구한 백분율을 이용하여 ☐ 안에 알맞은 수를 써넣으세요.

좋아하는 음식 종류별 학생 수

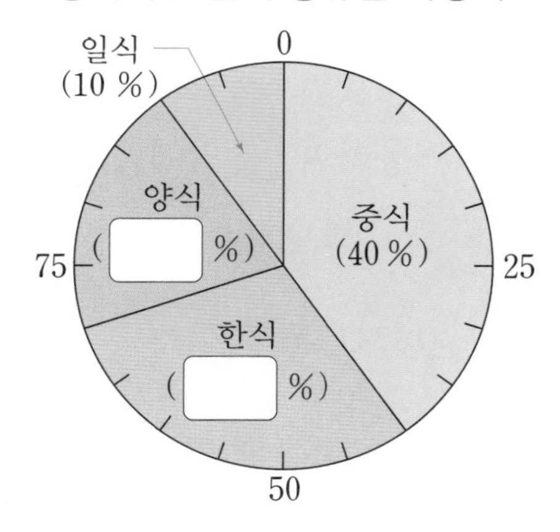

3 좋아하는 음식 종류별 학생 수가 가장 적은 음식부터 순서대로 써 보세요.

( )

● 주연이네 학교 6학년 학생들이 좋아하는 곤충을 조사하여 나타낸 표입니다. 물음에 답하세요.

좋아하는 곤충별 학생 수

곤충	잠자리	나비	매미	무당벌레	기타	합계
학생 수(명)	24	20	16	12	8	80
백분율(%)		25	20		10	

4 전체 학생 수에 대한 곤충별 학생 수의 백분율을 구하여 표를 완성해 보세요.

5 4번에서 구한 백분율을 이용하여 □ 안에 알맞은 수를 써넣으세요.

좋아하는 곤충별 학생 수

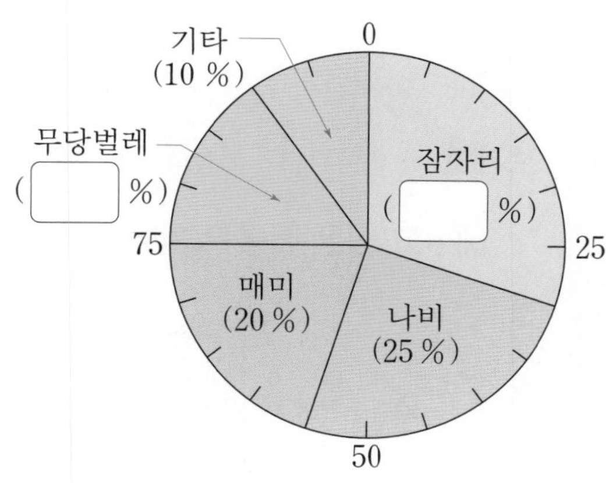

6 좋아하는 곤충 중 세 번째로 높은 비율을 차지하는 곤충은 무엇인가요?

( )

원그래프로 나타내어 보기

이름	
날짜	월 일
시간	: ~ :

원그래프로 나타내기 ①

● 희선이네 반 학생들이 배우고 싶은 전통 악기를 조사하여 나타낸 표입니다. 물음에 답하세요.

배우고 싶은 전통 악기별 학생 수

전통 악기	장구	꽹과리	단소	소고	합계
학생 수(명)	16	12	8	4	40
백분율(%)	40		20		100

1 전체 학생 수에 대한 악기별 학생 수의 백분율을 구해 보세요.

(1) 꽹과리: $\frac{12}{40}\times100=\square$ (%) (2) 소고: $\frac{4}{40}\times100=\square$ (%)

2 원그래프를 완성해 보세요.

배우고 싶은 전통 악기별 학생 수

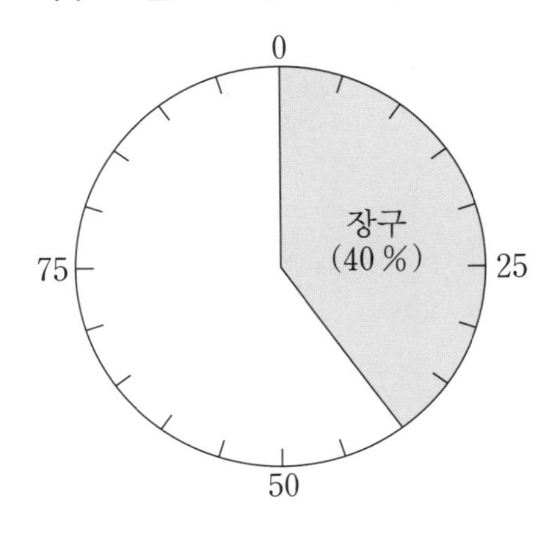

● 인성이네 학교 학생들의 등교 방법을 조사하여 나타낸 표입니다. 물음에 답하세요.

등교 방법별 학생 수

등교 방법	도보	자전거	버스	기타	합계
학생 수(명)	150	75	45	30	300
백분율(%)	50			10	100

3 전체 학생 수에 대한 등교 방법별 학생 수의 백분율을 구해 보세요.

(1) 자전거: $\frac{75}{300}\times100=$ ☐ (%) (2) 버스: $\frac{45}{300}\times100=$ ☐ (%)

4 원그래프를 완성해 보세요.

등교 방법별 학생 수

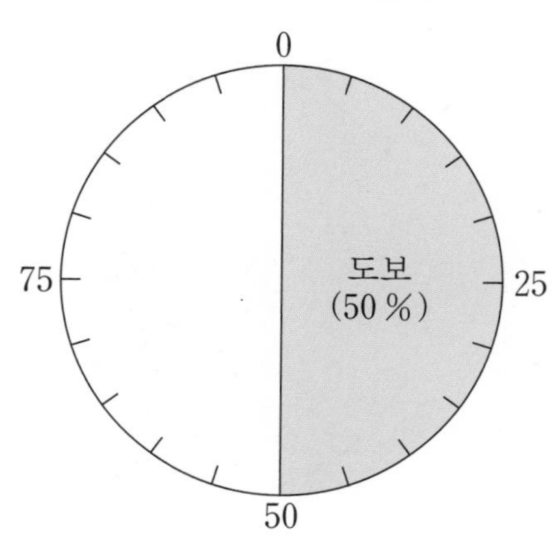

원그래프로 나타내어 보기

이름	
날짜	월 일
시간	: ~ :

원그래프로 나타내기 ②

● 시경이네 마당에 있는 종류별 꽃의 수를 조사하여 나타낸 표입니다. 물음에 답하세요.

마당에 있는 종류별 꽃의 수

꽃의 종류	장미	튤립	무궁화	해바라기	합계
꽃의 수(송이)	24	15	12	9	
백분율(%)	40	25			

1 시경이네 마당에 있는 꽃은 모두 몇 송이인가요?

( )송이

2 전체 꽃의 수에 대한 종류별 꽃의 수의 백분율을 구하여 표를 완성해 보세요.

3 원그래프를 완성해 보세요.

마당에 있는 종류별 꽃의 수

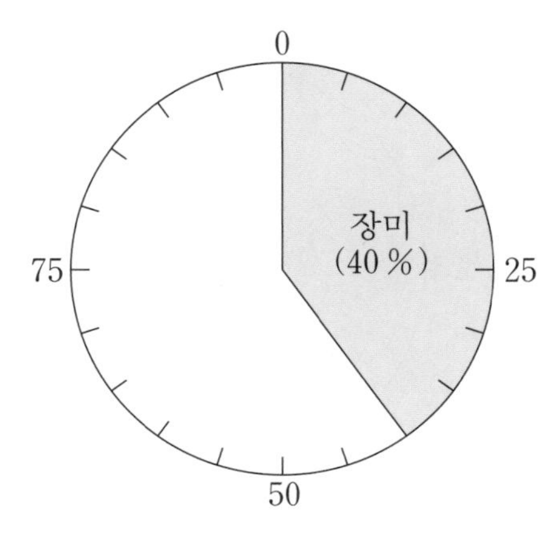

● 솔비네 반 학생들의 장래 희망을 조사하여 나타낸 표입니다. 물음에 답하세요.

장래 희망별 학생 수

장래 희망	연예인	요리사	선생님	과학자	기타	합계
학생 수(명)	12	10		6	4	40
백분율(%)	30		20		10	

4 장래 희망이 선생님인 학생은 몇 명인가요?

( )명

5 전체 학생 수에 대한 장래 희망별 학생 수의 백분율을 구하여 표를 완성해 보세요.

6 원그래프를 완성해 보세요.

장래 희망별 학생 수

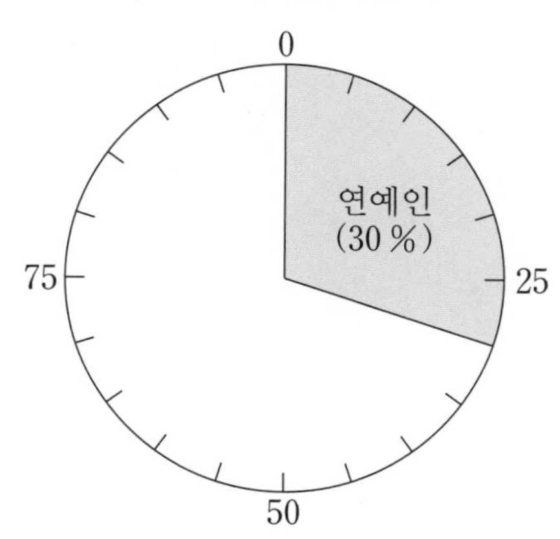

원그래프로 나타내어 보기

이름	
날짜	월 일
시간	: ~ :

원그래프로 나타내기 ③

● 연주네 학교 4학년에서 6학년까지 학생들이 가고 싶은 체험 학습 장소를 조사하여 나타낸 표입니다. 물음에 답하세요.

체험 학습 장소별 학생 수

장소	과학관	박물관	미술관	식물원	합계
학생 수(명)	70	60	40	30	200
백분율(%)		30		15	100

1 전체 학생 수에 대한 과학관과 미술관에 가고 싶은 학생 수의 백분율은 각각 몇 %인지 구해 보세요.

과학관 ( ) %
미술관 ( ) %

2 원그래프로 나타내어 보세요.

체험 학습 장소별 학생 수

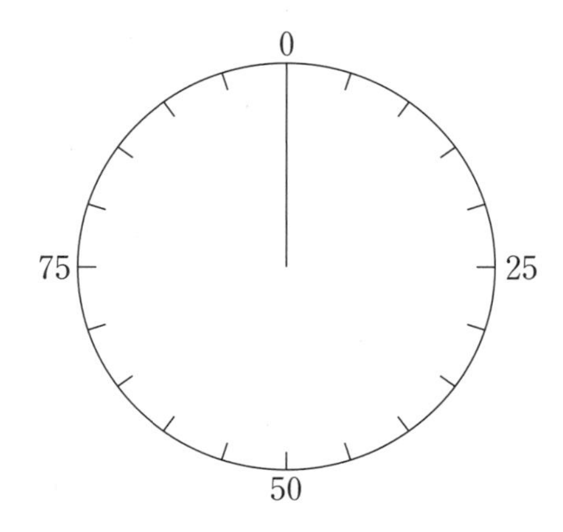

● 경준이네 학교 학생들이 즐겨 보는 TV 프로그램을 조사하여 나타낸 표입니다. 물음에 답하세요.

즐겨 보는 TV 프로그램별 학생 수

프로그램	예능	드라마	만화	스포츠	기타	합계
학생 수(명)	150	125	100	75	50	500
백분율(%)	30			15	10	100

3 전체 학생 수에 대한 드라마와 만화를 즐겨 보는 학생 수의 백분율은 각각 몇 %인지 구해 보세요.

드라마 (　　　　　　　　) %
만화 (　　　　　　　　) %

4 원그래프로 나타내어 보세요.

즐겨 보는 TV 프로그램별 학생 수

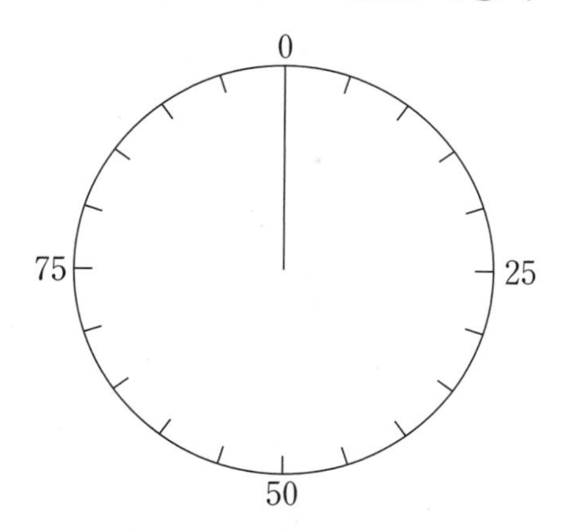

원그래프로 나타내어 보기

이름	
날짜	월 일
시간	: ~ :

원그래프로 나타내기 ④

● 글을 읽고 물음에 답하세요.

재현이네 학교의 학년별 학생 수를 조사하였더니 1학년은 100명, 2학년은 90명, 3학년은 70명, 4학년은 80명, 5학년은 90명, 6학년은 70명이었습니다.

1 위의 자료를 보고 표를 완성해 보세요.

학년별 학생 수

학년	1학년	2학년	3학년	4학년	5학년	6학년	합계
학생 수(명)	100	90	70				
백분율(%)	20	18	14				

2 학생 수가 가장 많은 학년은 몇 학년인가요?

( )

3 전체 학생 수에 대한 학년별 학생 수의 비율이 같은 학년을 모두 써 보세요.

( )

4 1번의 표를 보고 원그래프로 나타내어 보세요.

학년별 학생 수

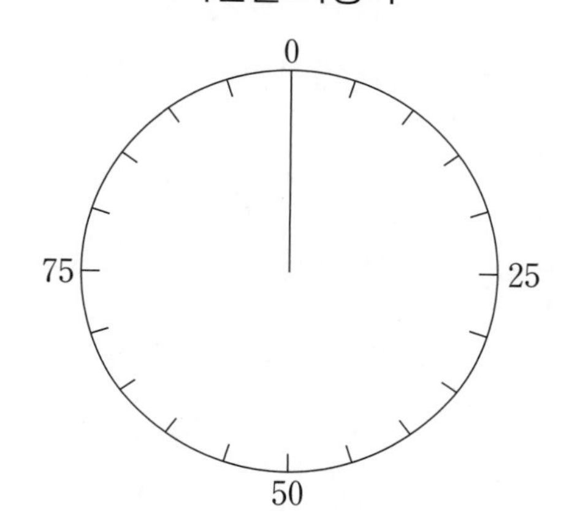

5 학생 수의 비율이 4학년보다 더 높은 학년을 모두 써 보세요.

(　　　　　　　　　　　　　　　　　　)

100÷5=20 (%),
90÷5=18 (%),
70÷5=14 (%)야.

6 백분율과 학생 수 사이의 관계를 써 보세요.

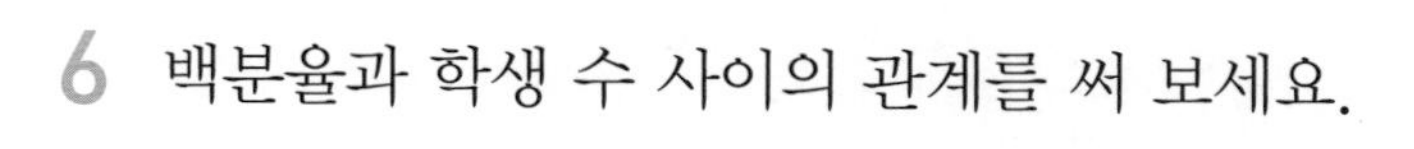

원그래프로 나타내어 보기

이름	
날짜	월 일
시간	: ~ :

원그래프로 나타내기 ⑤

● 글을 읽고 물음에 답하세요.

어느 동물원에는 모두 60마리의 동물이 있습니다. 곰이 18마리, 사자가 12마리, 호랑이가 9마리, 기린이 12마리, 원숭이가 4마리, 하마가 2마리, 코끼리가 3마리입니다.

1 위의 자료를 보고 표를 완성해 보세요.

동물원에 있는 동물 수

동물	곰	사자	호랑이	기린	기타	합계
동물 수(마리)	18	12				
백분율(%)						

2 위의 표에서 기타에 넣은 동물을 모두 써 보세요.

( )

3 전체 동물 수에 대한 동물 수의 백분율이 20 % 이상인 동물을 모두 써 보세요.

( )

4 1번의 표를 보고 원그래프로 나타내어 보세요.

동물원에 있는 동물 수

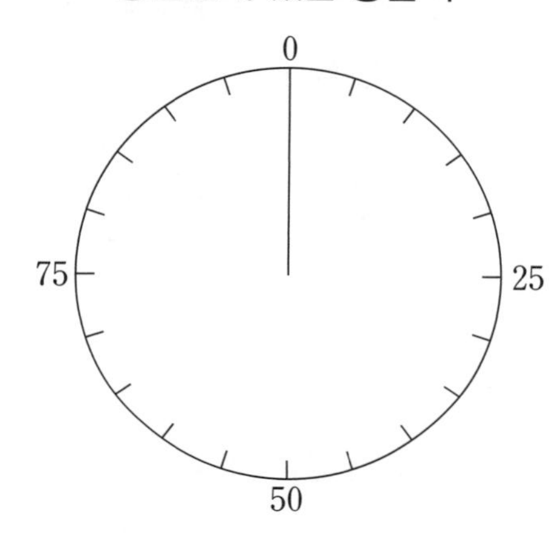

5 동물원에 있는 사자 수와 비율이 같은 동물은 무엇인가요?

( )

6 현우와 소율이의 대화를 읽고 바르게 말한 사람의 이름을 써 보세요.

백분율이 높을수록 동물 수도 많아.
백분율은 동물 수와 관계가 없어.
현우
소율

( )

원그래프로 나타내어 보기

이름	
날짜	월 일
시간	: ~ :

원그래프로 나타내기 ⑥

● 글을 읽고 물음에 답하세요.

선민이네 학교 학생들을 대상으로 좋아하는 음식의 종류를 조사하였더니 한식 25 %, 중식 35 %, 양식 15 %, 일식 15 %, 기타 10 %였습니다. 그중 중식을 선택한 학생들이 좋아하는 중식의 종류를 조사하였더니 짜장면 40 %, 탕수육 30 %, 짬뽕 15 %, 유산슬 10 %, 기타 5 %였습니다.

1 좋아하는 음식의 종류별 학생 수의 백분율을 표로 나타내어 보세요.

좋아하는 음식의 종류별 학생 수

음식 종류	한식	중식	양식	일식	기타	합계
백분율(%)						

2 좋아하는 중식의 종류별 학생 수의 백분율을 표로 나타내어 보세요.

좋아하는 중식의 종류별 학생 수

중식 종류	짜장면	탕수육	짬뽕	유산슬	기타	합계
백분율(%)						

3 좋아하는 음식의 종류별 학생 수와 좋아하는 중식의 종류별 학생 수의 백분율을 각각 원그래프로 나타내어 보세요.

좋아하는 음식의 종류별 학생 수

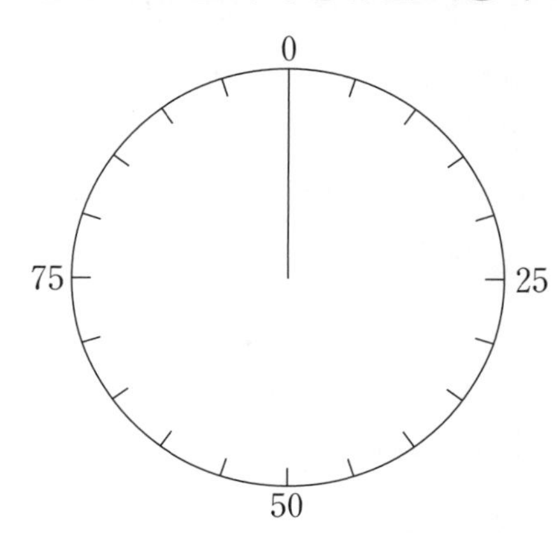

좋아하는 중식의 종류별 학생 수

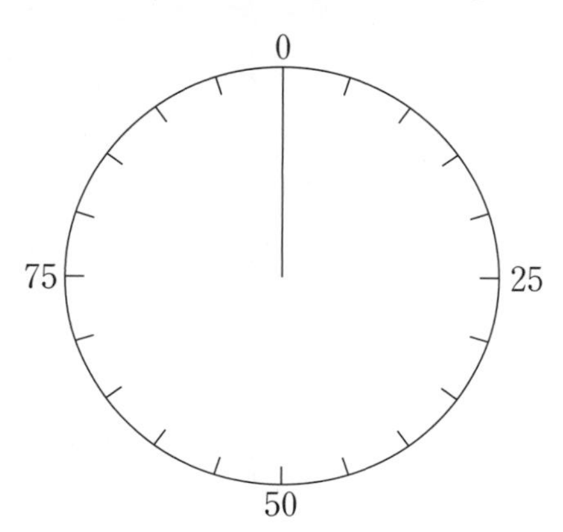

4 좋아하는 음식의 종류별 학생 수의 원그래프에서 학생 수의 비율이 같은 음식의 종류는 무엇과 무엇인가요?

( )

5 원그래프를 보고 알게 된 사실을 바르게 설명한 것을 찾아 기호를 써 보세요.

㉠ 가장 많은 학생이 좋아하는 중식의 종류는 탕수육입니다.
㉡ 한식 또는 양식을 좋아하는 학생 수는 전체의 40 %입니다.

( )

원그래프로 나타내어 보기

이름	
날짜	월 일
시간	: ~ :

원그래프로 나타내기 ⑦

● 태연이가 쓴 일기입니다. 일기를 읽고 물음에 답하세요.

올해 우리 학교 6학년은 수학여행을 간다. 그래서 수학여행 일정과 장소에 대해 학생들을 대상으로 설문 조사를 하여 일정과 장소를 결정하였다. 설문 조사 결과 일정은 당일 10 %, 1박 2일 25 %, 2박 3일 45 %, 3박 4일 20 %로 조사되어 2박 3일로 정해졌다. 그리고 장소는 강원도 35 %, 서울 5 %, 제주도 20 %, 경기도 7 %, 경상도 15 %, 충청도 8 %, 전라도 10 %로 조사되어 강원도로 정해졌다고 한다. 수학여행을 빨리 가고 싶다.

1 일정별 희망 학생 수의 백분율을 표로 나타내어 보세요.

일정별 희망 학생 수

일정	당일	1박 2일	2박 3일	3박 4일	합계
백분율(%)					

2 장소별 희망 학생 수의 백분율을 표로 나타내어 보세요.

장소별 희망 학생 수

장소	강원도	제주도	경상도	전라도	기타	합계
백분율(%)						

3 일정과 장소별 희망 학생 수의 백분율을 각각 원그래프로 나타내어 보세요.

일정별 희망 학생 수

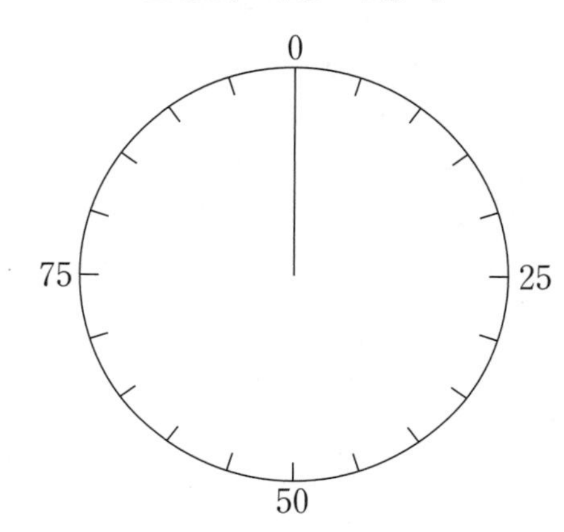

장소별 희망 학생 수

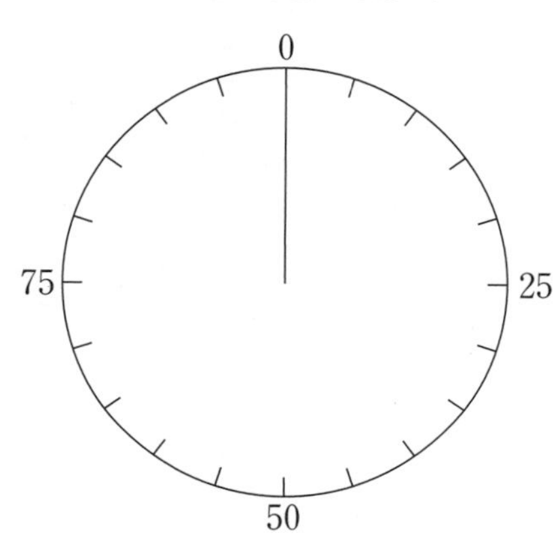

4 장소별 희망 학생 수의 그래프에서 기타에 넣은 장소를 모두 써 보세요.

( )

5 원그래프를 보고 알게 된 사실을 틀리게 설명한 것을 찾아 기호를 써 보세요.

㉠ 가장 적은 학생이 선택한 여행 일정은 당일 여행입니다.
㉡ 두 번째로 많은 학생들이 수학여행을 가고 싶은 장소는 경상도입니다.

( )

그래프 해석하기

이름	
날짜	월 일
시간	: ~ :

띠그래프 해석하기 ①

● 동훈이네 반 학생들의 잠자는 시간을 조사하여 나타낸 띠그래프입니다. 물음에 답하세요.

잠자는 시간별 학생 수

0 10 20 30 40 50 60 70 80 90 100 (%)

10시간 이상 (15 %)	9시간 이상~10시간 미만 (35 %)	8시간 이상~9시간 미만 (30 %)	8시간 미만 (20 %)

1 잠을 8시간 이상~9시간 미만 자는 학생 수는 잠을 10시간 이상 자는 학생 수의 몇 배인가요?

( )배

2 동훈이네 반의 전체 학생이 20명일 때, 잠을 9시간 이상~10시간 미만 자는 학생은 몇 명인가요?

( )명

3 띠그래프를 보고 알게 된 사실을 바르게 말한 사람의 이름을 써 보세요.

기타에 해당하는 학생들도 있네.

잠을 9시간 이상~10시간 미만 자는 학생들이 가장 많아.

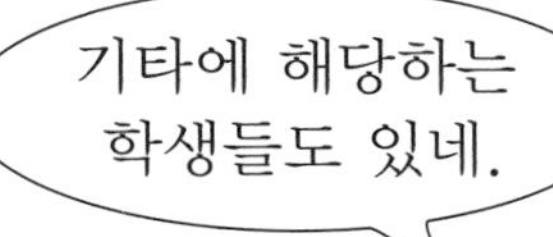

동훈

시은

( )

● 소연이네 반 학생들이 좋아하는 케이크를 조사하여 나타낸 띠그래프입니다. 물음에 답하세요.

좋아하는 케이크별 학생 수

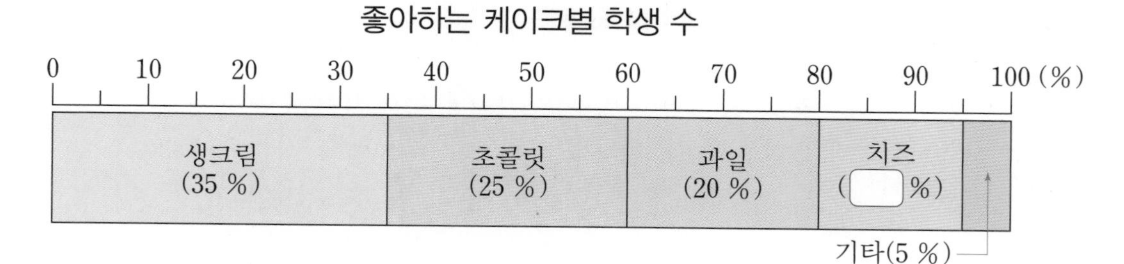

4 치즈 케이크를 좋아하는 학생은 전체의 몇 %인가요?

( ) %

5 과일 케이크를 좋아하는 학생이 8명이라면 초콜릿 케이크를 좋아하는 학생은 몇 명인가요?

( )명

6 띠그래프를 보고 알게 된 사실을 틀리게 말한 사람의 이름을 써 보세요.

지수: 생크림 케이크를 좋아하는 학생은 전체의 35 %야.
새롬: 기타를 제외하고 과일 케이크를 좋아하는 학생의 비율이 가장 낮아.
보라: 좋아하는 케이크별 학생 수의 비율을 모두 더하면 100 %네.

( )

그래프 해석하기

이름	
날짜	월 일
시간	: ~ :

띠그래프 해석하기 ②

● 재민이가 사는 동네의 자동차 색깔을 조사하여 나타낸 띠그래프입니다. 물음에 답하세요.

색깔별 자동차 수

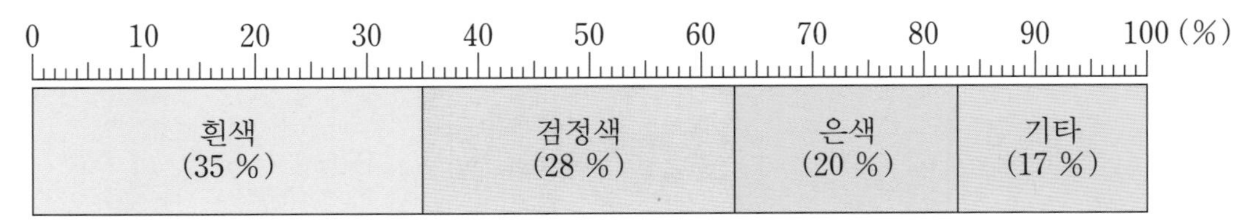

1 전체의 $\frac{1}{5}$을 차지하는 자동차 색깔은 무엇인가요?

( )

2 재민이가 사는 동네의 자동차가 모두 300대라면 기타에 해당하는 자동차는 몇 대인가요?

( )대

3 위의 띠그래프를 보고 알 수 있는 내용을 두 가지 써 보세요.

•

•

● 연우네 학교의 방과 후 수업별 학생 수를 조사하여 나타낸 띠그래프입니다. 물음에 답하세요.

방과 후 수업별 학생 수

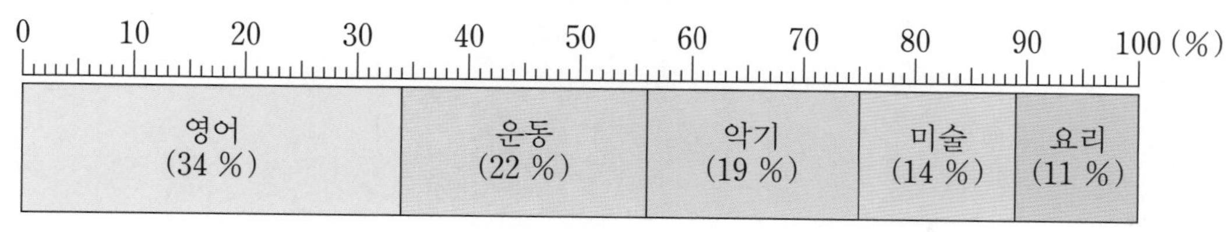

4 영어를 배우는 학생 수는 요리를 배우는 학생 수의 약 몇 배인가요?

약 (   )배

5 요리를 배우는 학생이 22명이라면 방과 후 수업을 배우는 학생은 모두 몇 명인가요?

(   )명

6 위의 띠그래프를 보고 알 수 있는 내용을 두 가지 써 보세요.

- ______________________________
- ______________________________

그래프 해석하기

이름	
날짜	월 일
시간	: ~ :

● 예진이네 학교 5학년과 6학년 학생이 즐겨 읽는 책의 종류를 조사하여 각각 띠그래프로 나타내었습니다. 물음에 답하세요.

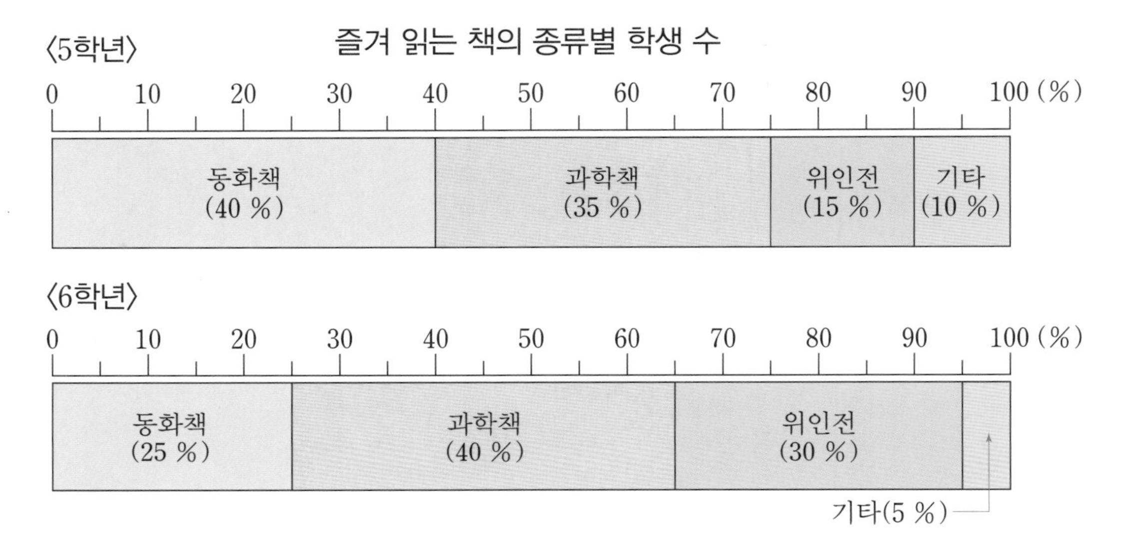

1 5학년에서 동화책 또는 위인전을 즐겨 읽는 학생은 전체의 몇 % 인가요?

( ) %

2 6학년에서 과학책을 즐겨 읽는 학생 수는 기타 학생 수의 몇 배인가요?

( )배

3 5학년과 6학년의 전체에 대한 학생 수의 비율이 같은 책의 종류는 무엇과 무엇인가요?

5학년 ( )

6학년 ( )

● 2017년과 2019년의 정민이네 농장의 가축 수를 조사하여 각각 띠그래프로 나타내었습니다. 물음에 답하세요.

〈2017년〉 정민이네 농장의 가축 수

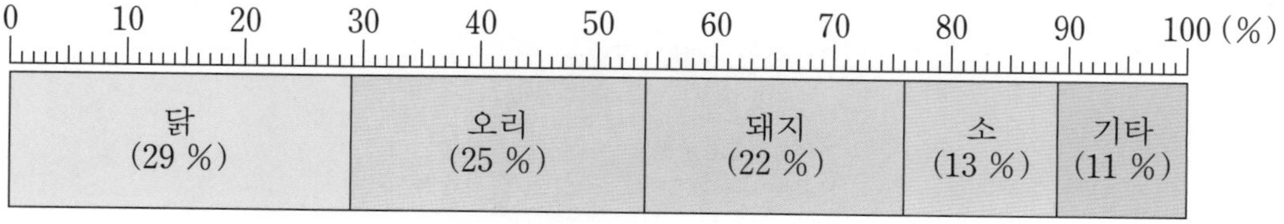

닭	오리	돼지	소	기타
29 %	25 %	22 %	13 %	11 %

〈2019년〉

닭	오리	돼지	소	기타
28 %	23 %	19 %	17 %	13 %

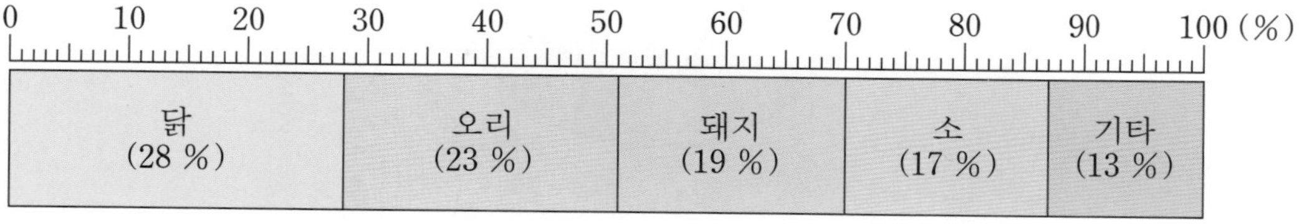

4 2019년의 닭 또는 돼지의 수는 전체의 몇 %인가요?

( ) %

5 2017년의 오리의 수는 소의 수의 약 몇 배인가요?

약 ( )배

6 2017년에서 2019년까지 가축별 마릿수의 비율이 어떻게 변화했는지 설명해 보세요.

그래프 해석하기

이름	
날짜	월 일
시간	: ~ :

원그래프 해석하기 ①

● 어느 마을의 전체 학생 200명이 다니는 학교를 조사하여 나타낸 원그래프입니다. 물음에 답하세요.

학교별 학생 수

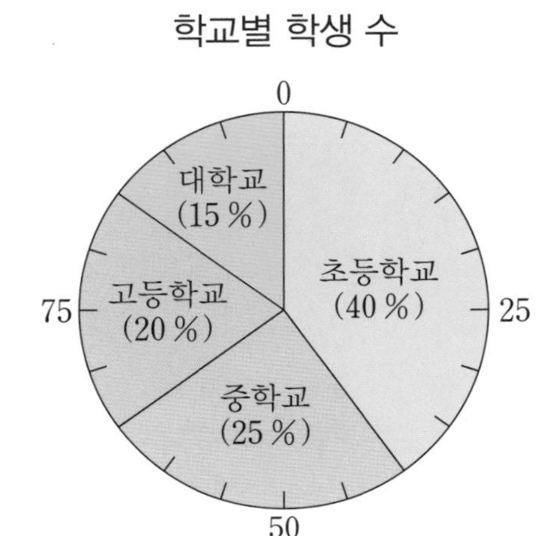

1 초등학교를 다니는 학생 수는 고등학교를 다니는 학생 수의 몇 배인가요?

( )배

2 중학교를 다니는 학생은 몇 명인가요?

( )명

3 학생 수의 비율이 가장 높은 학교부터 순서대로 써 보세요.

( )

● 태민이네 아파트의 재활용품별 배출량을 나타낸 원그래프입니다. 물음에 답하세요.

재활용품별 배출량

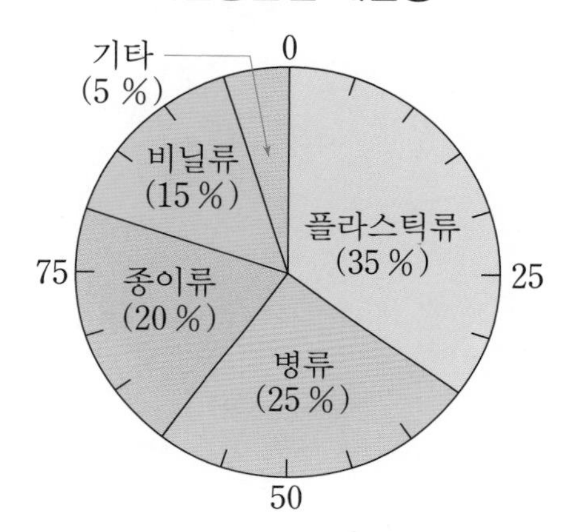

4 배출량이 두 번째로 많은 재활용품은 무엇인가요?

( )

5 재활용품 중 종이류 또는 비닐류의 양은 전체의 몇 %인가요?

( ) %

6 원그래프를 보고 잘못 말한 사람을 찾아 이름을 써 보세요.

주하: 재활용품별 배출량의 비율을 한눈에 알 수 있어.
태민: 각 재활용품의 배출량이 몇 kg인지 알 수 있어.

( )

이름	
날짜	월 일
시간	: ~ :

그래프 해석하기

원그래프 해석하기 ②

● 어떤 음식 500 g에 들어 있는 영양소를 나타낸 원그래프입니다. 물음에 답하세요.

음식에 들어 있는 영양소

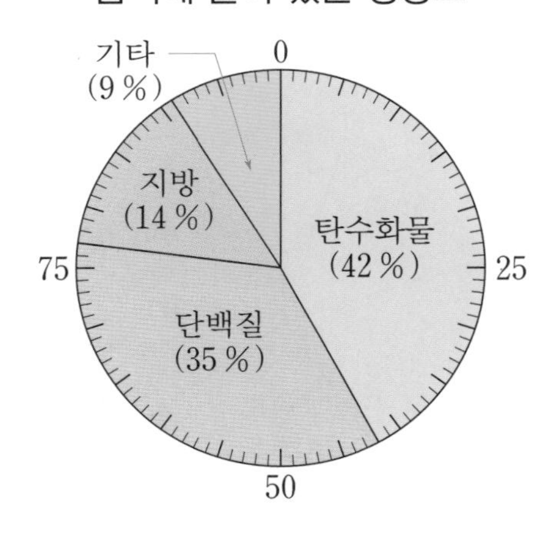

1 이 음식에 들어 있는 지방의 양의 3배가 들어 있는 영양소는 무엇인가요?

( )

2 이 음식에 들어 있는 단백질의 양은 몇 g인가요?

( ) g

3 원그래프를 보고 알게 된 사실을 바르게 설명한 것을 찾아 기호를 써 보세요.

㉠ 이 음식에 가장 많이 들어 있는 영양소는 탄수화물입니다.
㉡ 이 음식에 들어 있는 지방 또는 단백질의 양은 전체의 44 %입니다.

( )

● 정훈이네 학교 전교 학생회장 후보자별 득표 수를 나타낸 원그래프입니다. 물음에 답하세요.

전교 학생회장 후보자별 득표 수

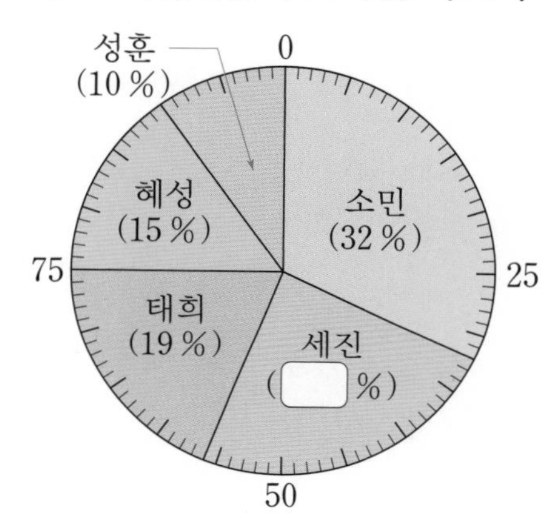

4 세진이의 득표 수는 전체의 몇 % 인가요?

(　　　　　　　　) %

5 득표 수의 비율이 20 % 미만인 사람을 모두 써 보세요.

(　　　　　　　　)

6 전교 학생회장 선거에 투표한 사람이 300명이라면 태희가 얻은 득표 수는 몇 표인가요?

(　　　　　　　　)표

그래프 해석하기

이름	
날짜	월 일
시간	: ~ :

원그래프 해석하기 ③

● 어느 가전제품 가게의 한 달 동안의 판매량을 나타낸 원그래프입니다. 물음에 답하세요.

가전제품별 판매량

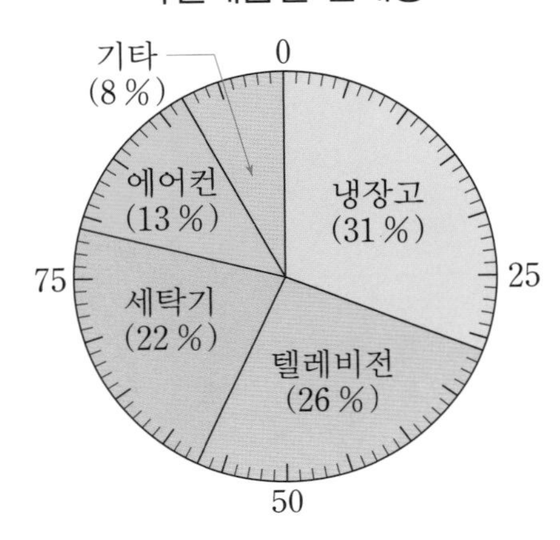

1 판매량의 비율이 25 % 이상인 가전제품을 모두 써 보세요.

( )

2 에어컨의 판매량이 26대라면 세탁기의 판매량은 몇 대인가요?

( )대

3 위의 원그래프를 보고 알 수 있는 사실을 두 가지 써 보세요.

-
-

● 6학년 학생 200명이 점심시간에 하고 싶어 하는 활동을 조사한 원그래프입니다. 물음에 답하세요.

하고 싶어 하는 활동별 여학생 수

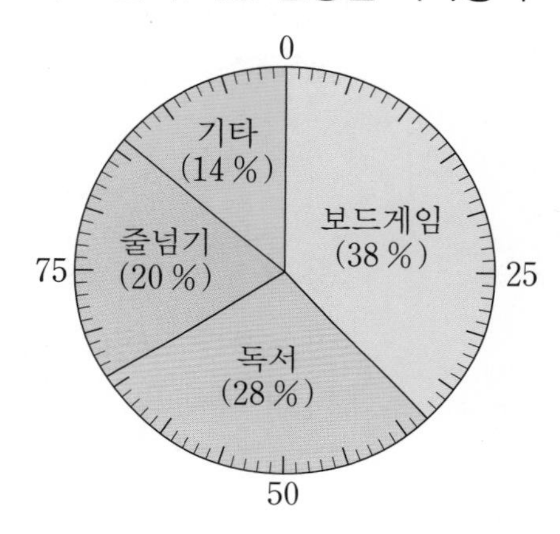

하고 싶어 하는 활동별 남학생 수

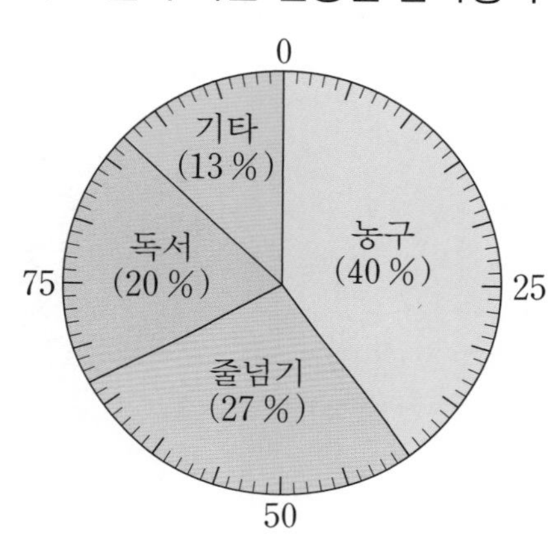

4 여학생과 남학생의 비율이 같은 활동은 무엇과 무엇인가요?

여학생 (　　　　　　　　　　)
남학생 (　　　　　　　　　　)

5 6학년 여학생 수와 남학생 수가 같을 때, 점심시간에 독서를 하고 싶어 하는 학생은 모두 몇 명인가요?

(　　　　　　　　　　)명

6 6학년 여학생 수와 남학생 수가 같을 때, 줄넘기를 하고 싶어 하는 남학생은 여학생보다 몇 명 더 많은가요?

(　　　　　　　　　　)명

이름	
날짜	월 일
시간	: ~ :

여러 가지 그래프 비교하기

여러 가지 그래프 비교하기 ①

1 관계있는 것끼리 선으로 이으세요.

그림그래프 •	• 수량을 점으로 표시하고, 그 점들을 선분으로 이어 그린 그래프
막대그래프 •	• 알려고 하는 수(조사한 수)를 그림으로 나타낸 그래프
꺾은선그래프 •	• 전체에 대한 각 부분의 비율을 원 모양에 나타낸 그래프
띠그래프 •	• 조사한 자료를 막대 모양으로 나타낸 그래프
원그래프 •	• 전체에 대한 각 부분의 비율을 띠 모양에 나타낸 그래프

2 지역별 초등학생 수를 조사하여 나타낸 표입니다. 이 자료를 그래프로 나타내기에 적당하지 않은 것은 어느 것인가요? (　　　　)

지역별 초등학생 수

지역	가	나	다	라	합계
학생 수(명)	6000	3000	5000	7000	21000

① 그림그래프 ② 막대그래프 ③ 꺾은선그래프 ④ 띠그래프 ⑤ 원그래프

3 푸른 마을의 재활용품별 배출량을 조사하여 나타낸 표입니다. 이 자료를 그래프로 나타내기에 적당하지 않은 것은 어느 것인가요? (　　　　)

재활용품별 배출량

종류	플라스틱류	병류	종이류	비닐류	합계
배출량(kg)	600	400	700	300	2000

① 그림그래프 ② 막대그래프 ③ 꺾은선그래프 ④ 띠그래프 ⑤ 원그래프

4 자료를 그래프로 나타낼 때 어떤 그래프가 좋을지 보기 에서 찾아보세요.

보기

그림그래프, 막대그래프, 꺾은선그래프, 띠그래프, 원그래프

자료	그래프
권역별 미세 먼지 농도	
우리 반 학생들이 좋아하는 과목	

37a

여러 가지 그래프 비교하기

이름	
날짜	월 일
시간	: ~ :

여러 가지 그래프 비교하기 ②

● 마을별 양파 생산량을 나타낸 그림그래프입니다. 물음에 답하세요.

마을별 양파 생산량

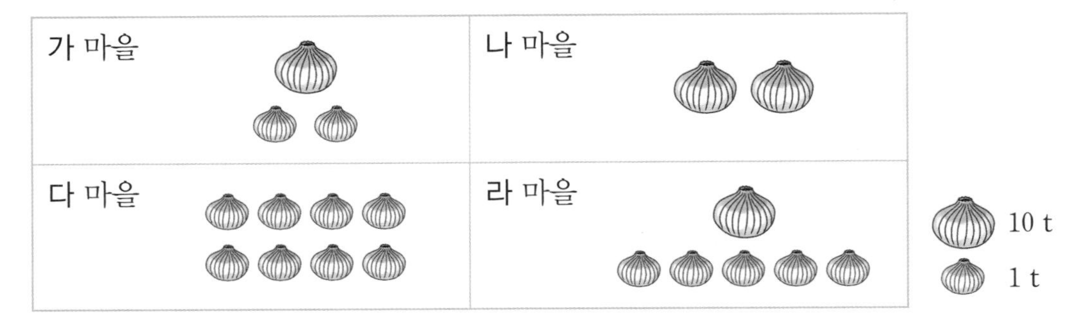

1 표를 완성해 보세요.

마을별 양파 생산량

마을	가	나	다	라	합계
생산량(t)	12				55

2 막대그래프로 나타내어 보세요.

마을별 양파 생산량

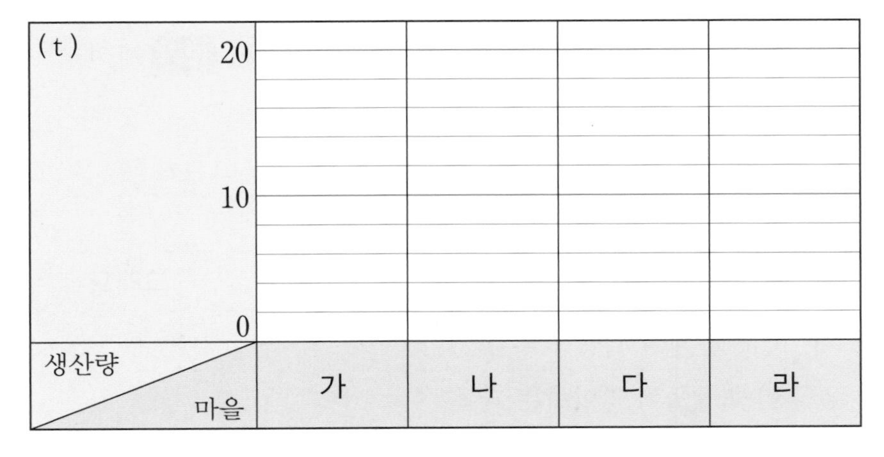

● 은비네 학교 학생 200명이 좋아하는 과일을 조사하여 나타낸 그림그래프입니다. 물음에 답하세요.

좋아하는 과일별 학생 수

3 표를 완성해 보세요.

좋아하는 과일별 학생 수

과일	바나나	사과	포도	귤	합계
학생 수(명)		60			200
백분율(%)	35		20		100

4 띠그래프로 나타내어 보세요.

좋아하는 과일별 학생 수

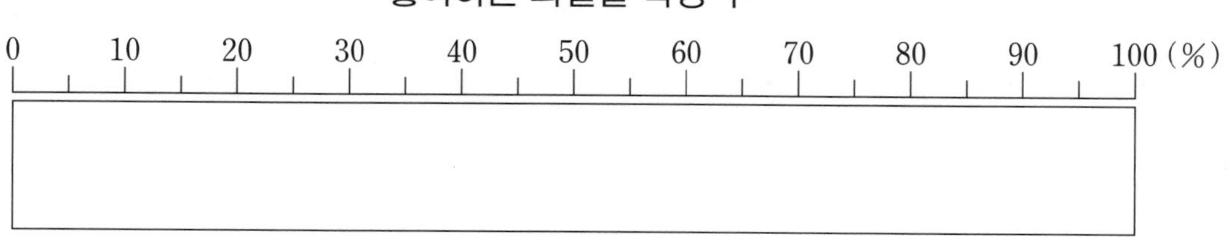

여러 가지 그래프 비교하기

이름	
날짜	월 일
시간	: ~ :

여러 가지 그래프 비교하기 ③

● 마을별 인터넷 가입 가구 수를 조사하여 나타낸 그림그래프입니다. 물음에 답하세요.

마을별 인터넷 가입 가구 수

가 마을	나 마을
다 마을	라 마을

1000가구, 100가구

1 표와 그림그래프를 완성해 보세요.

마을별 인터넷 가입 가구 수

마을	가	나	다	라	합계
가구 수(가구)	2400		1200		6000
백분율(%)		25			100

2 원그래프로 나타내어 보세요.

마을별 인터넷 가입 가구 수

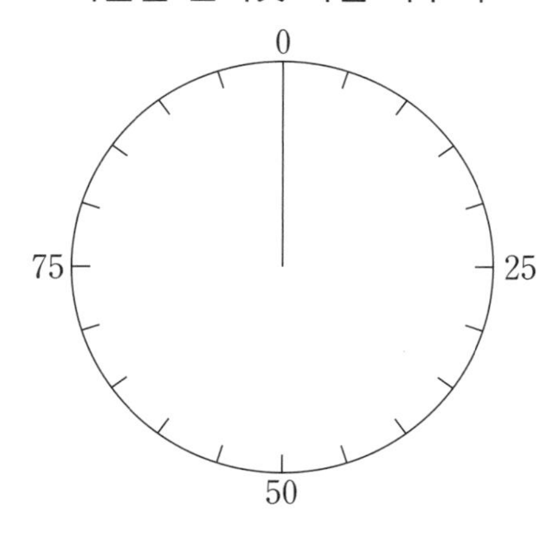

● 시우네 학교 전교생의 하루 독서 시간을 조사하여 나타낸 표입니다. 물음에 답하세요.

독서 시간별 학생 수

독서 시간	30분 미만	30분 이상 ~60분 미만	60분 이상 ~90분 미만	90분 이상	합계
학생 수(명)	120	180	140	60	500
백분율(%)					

3 표를 완성해 보세요.

4 띠그래프로 나타내어 보세요.

독서 시간별 학생 수

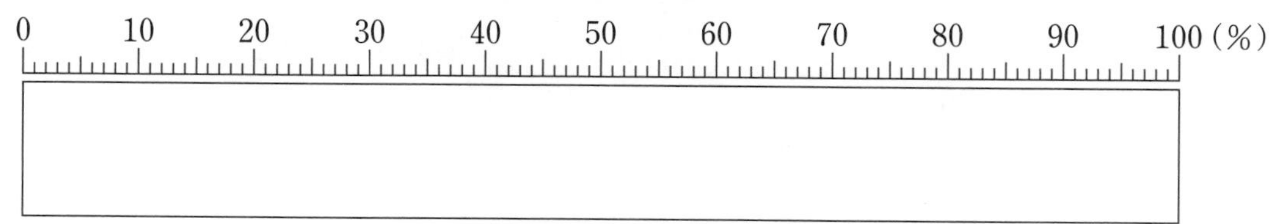

5 원그래프로 나타내어 보세요.

독서 시간별 학생 수

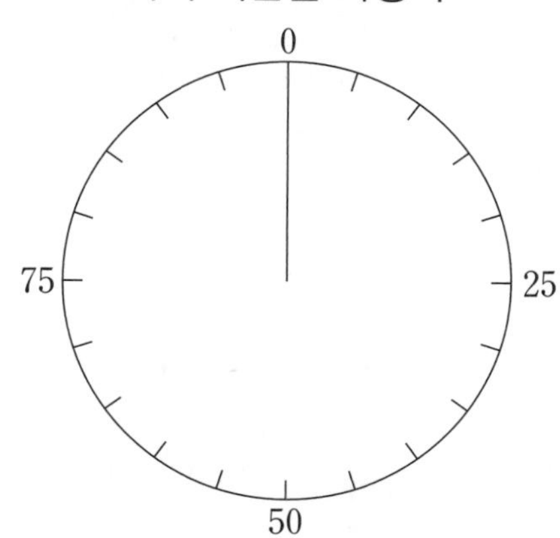

여러 가지 그래프 비교하기

이름	
날짜	월 일
시간	: ~ :

여러 가지 그래프 비교하기 ④

● 은빛 마을의 재활용품별 배출량을 나타낸 그림그래프입니다. 물음에 답하세요.

재활용품별 배출량

1 표와 그림그래프를 완성해 보세요.

재활용품별 배출량

종류	종이류	플라스틱류	병류	비닐류	합계
배출량(kg)		700	400		2000
백분율(%)	30			15	100

2 막대그래프로 나타내어 보세요.

재활용품별 배출량

3 띠그래프로 나타내어 보세요.

재활용품별 배출량

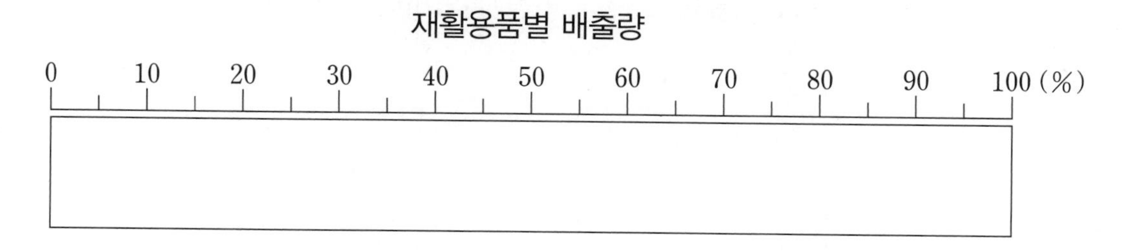

4 원그래프로 나타내어 보세요.

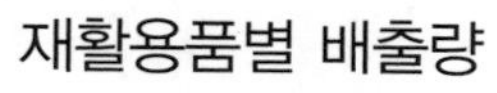

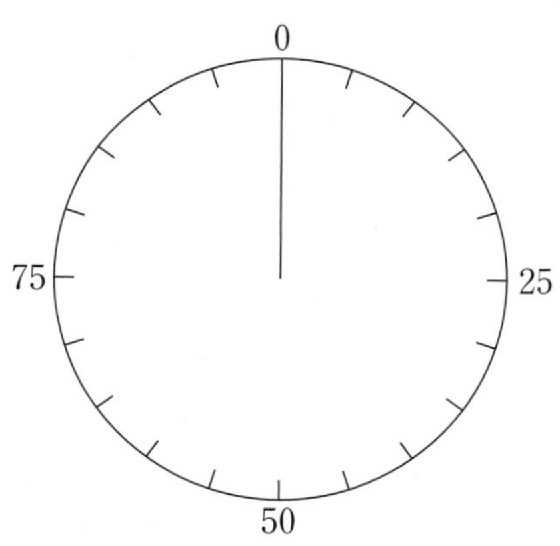

5 재활용품별 배출량을 비교하려고 합니다. 어느 그래프로 나타내면 좋을까요? 그 이유를 써 보세요.

(　　　　　　　　　)

여러 가지 그래프 비교하기

이름	
날짜	월 일
시간	: ~ :

여러 가지 그래프 비교하기 ⑤

● 선우네 학교에서 어린이 안전사고가 자주 발생하는 장소를 조사하고, 학생들을 대상으로 안전한 학교생활을 하는데 가장 필요하다고 생각하는 규칙을 조사했습니다. 물음에 답하세요.

장소별 안전사고 발생 수

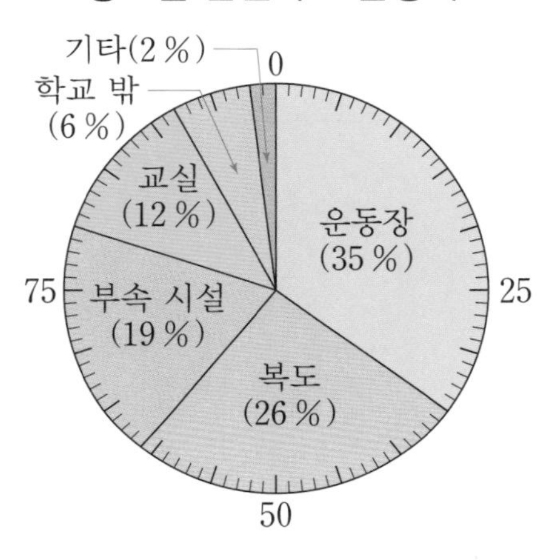

안전한 학교생활 규칙

규칙	학생 수(명)
위험한 곳에 가지 않기	130
경기 규칙 잘 지키기	220
놀이 기구의 바른 사용법 익히기	140
친구와 장난치지 않기	260
기타	50
합계	800

1 안전사고가 가장 많이 발생하는 장소는 어디인가요?

( )

2 운동장은 교실보다 안전사고가 약 몇 배 더 많이 발생하나요?

약 ( )배

3 복도 또는 교실에서 발생하는 안전사고는 전체의 몇 %인가요?

( ) %

4 안전한 학교생활 규칙을 그림그래프로 나타내어 보세요.

안전한 학교생활 규칙

규칙	학생 수
위험한 곳에 가지 않기	
경기 규칙 잘 지키기	
놀이 기구의 바른 사용법 익히기	
친구와 장난치지 않기	
기타	

 100명

 10명

5 학생 수가 가장 많은 규칙과 가장 적은 규칙의 학생 수의 차는 몇 명인가요?

( )명

6 자신이 실천 가능한 안전한 학교생활 규칙을 써 보세요.

이제 여러 가지 그래프는 걱정 없지요?
혹시 아쉬운 부분이 있다면 그 부분만
좀 더 복습하세요. 수고하셨습니다.

이 름	
실시 연월일	년 월 일
걸린 시간	분 초
오답 수	/ 13

[1~3] 어느 해 권역별 초등학생 수를 조사하여 나타낸 그림그래프입니다. 물음에 답하세요.

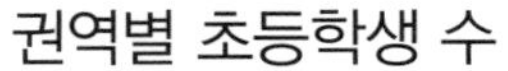

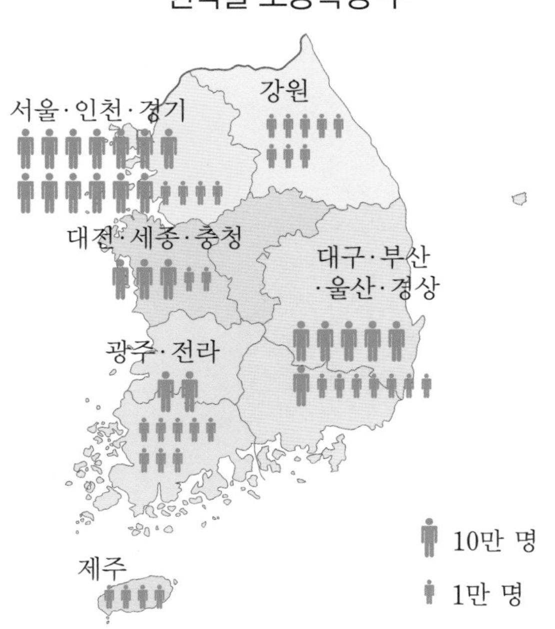

1 과 은 각각 몇 명을 나타내나요?

( )명

( )명

2 광주·전라 권역의 초등학생은 몇 명인가요?

( )명

3 강원 권역의 초등학생 수는 제주 권역의 초등학생 수의 몇 배인가요?

( )배

[4~7] 해율이네 반 학생들이 어려워하는 과목을 조사하여 나타낸 표입니다. 물음에 답하세요.

어려워하는 과목별 학생 수

과목	수학	영어	과학	국어	합계
학생 수(명)	7	6	4	3	20

4 전체 학생 수에 대한 과목별 학생 수의 백분율을 구해 보세요.

(1) 수학: $\frac{7}{20}\times100=$ ☐ (%)　　(2) 영어: $\frac{6}{20}\times100=$ ☐ (%)

(3) 과학: $\frac{4}{20}\times100=$ ☐ (%)　　(4) 국어: $\frac{3}{20}\times100=$ ☐ (%)

5 4번에서 구한 백분율을 이용하여 ☐ 안에 알맞은 수를 써넣으세요.

어려워하는 과목별 학생 수

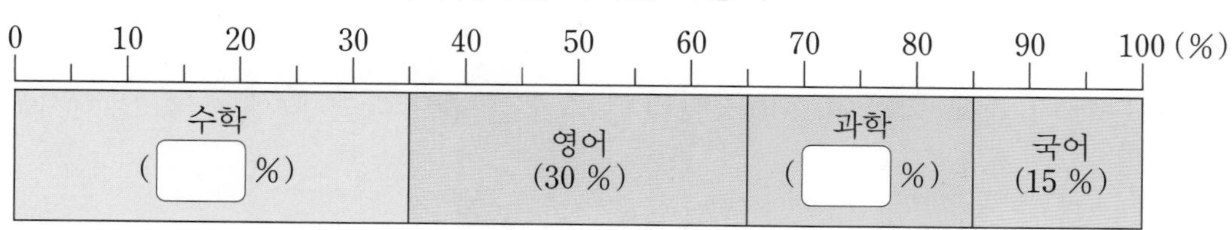

6 가장 많은 학생이 어려워하는 과목은 무엇인가요?

(　　　　　　　　)

7 영어 또는 과학을 어려워하는 학생은 전체의 몇 %인가요?

(　　　　　　　　) %

[8~10] 세준이네 학교 학생들이 좋아하는 운동을 조사하여 나타낸 원그래프입니다. 물음에 답하세요.

좋아하는 운동별 학생 수

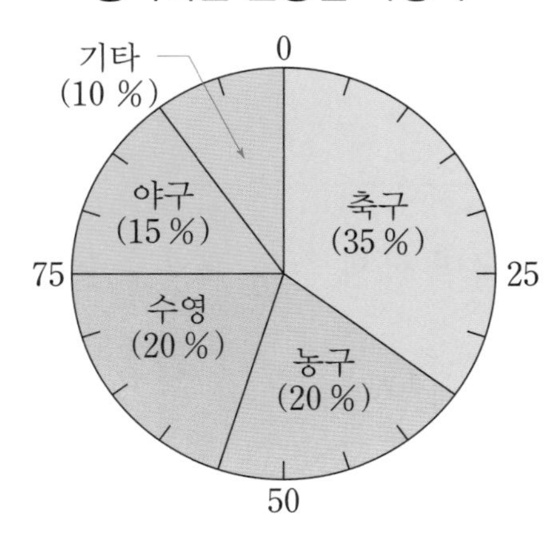

8 전체에 대한 학생 수의 비율이 같은 운동은 무엇과 무엇인가요?

(　　　　　　　　　　　　　　　)

9 세준이네 학교 학생이 200명이라면 축구를 좋아하는 학생은 몇 명인가요?

(　　　　　　　　　　　　　　　)명

10 원그래프를 보고 알게 된 사실을 틀리게 설명한 것을 찾아 기호를 써 보세요.

> ㉠ 각 항목별 백분율의 합계는 90 %입니다.
> ㉡ 가장 많은 학생이 좋아하는 운동은 축구입니다.

(　　　　　　　　　　　　　　　)

[11~13] 글을 읽고 물음에 답하세요.

주원이네 학교 6학년 학생들의 등교 방법을 조사하였습니다. 도보는 32명, 자전거는 28명, 버스는 12명, 기타는 8명이었습니다.

11 자료를 보고 표를 완성해 보세요.

등교 방법별 학생 수

등교 방법	도보	자전거	버스	기타	합계
학생 수(명)	32		12		
백분율(%)		35		10	

12 표를 보고 띠그래프로 나타내어 보세요.

등교 방법별 학생 수

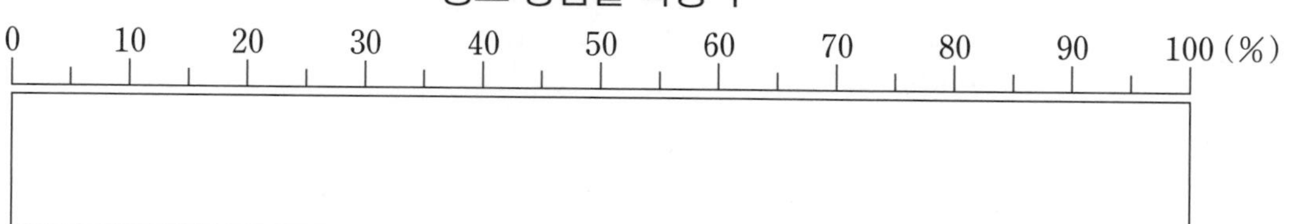

13 표를 보고 원그래프로 나타내어 보세요.

등교 방법별 학생 수

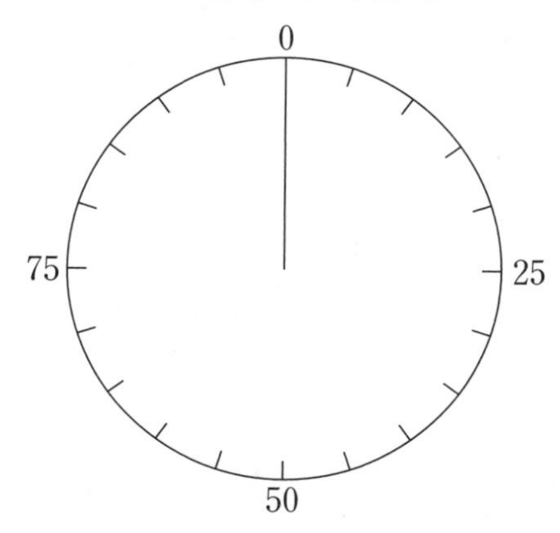

성취도 테스트 결과표

5과정 여러 가지 그래프

번호	평가 요소	평가 내용	결과(○, X)	관련 내용
1	그림그래프로 나타내어 보기	큰 그림과 작은 그림이 나타내는 값을 아는지 확인하는 문제입니다.		1a
2		그림그래프를 보고 권역별 초등학생 수를 알아보는 문제입니다.		1b
3		그림그래프를 보고 두 지역의 권역별 초등학생 수를 비교하여 몇 배인지를 알아보는 문제입니다.		3b
4	띠그래프 알아보기 / 띠그래프로 나타내어 보기	전체 학생 수에 대한 과목별 학생 수의 백분율을 구해 보는 문제입니다.		8a
5		백분율을 이용하여 띠그래프의 □ 안에 알맞은 수를 써넣는 문제입니다.		
6		띠그래프를 보고 가장 많은 학생이 어려워하는 과목을 찾아보는 문제입니다.		7a
7		띠그래프를 보고 영어 또는 과학을 어려워하는 학생 수의 비율을 구해 보는 문제입니다.		15b
8	원그래프 알아보기 / 원그래프로 나타내어 보기	원그래프를 보고 차지하는 비율이 같은 운동을 찾아보는 문제입니다.		19a
9		전체 학생 수에 대한 축구를 좋아하는 학생 수의 비율을 이용하여 축구를 좋아하는 학생 수를 구해 보는 문제입니다.		33a
10		원그래프를 보고 알게 된 사실을 틀리게 설명한 것을 찾아보는 문제입니다.		27b
11	여러 가지 그래프 비교하기	자료를 보고 표를 완성해 보는 문제입니다.		38b
12		표를 보고 띠그래프로 나타낼 수 있는지 확인하는 문제입니다.		
13		표를 보고 원그래프로 나타낼 수 있는지 확인하는 문제입니다.		

평가	□ A등급(매우 잘함)	□ B등급(잘함)	□ C등급(보통)	□ D등급(부족함)
오답 수	0~1	2	3	4~

- A, B등급 : 학습한 교재에 대한 성취도가 높습니다.
- C등급 : 틀린 부분을 다시 한번 더 공부한 후, 다음 교재를 시작하세요.
- D등급 : 본 교재를 다시 구입하여 복습한 후, 다음 교재를 시작하세요.

기탄영역별수학
자료와 가능성편

정답과 풀이

5과정 여러 가지 그래프

※정답과 풀이는 따로 보관하고 있다가 채점할 때 사용해 주세요.

기초부터 탄탄하게 기탄교육

1ab

1 1000, 100　　2 다 마을, 4100
3 나 마을, 라 마을
4 10만, 1만　　5 제주 권역, 4만
6 서울·인천·경기 권역,
대구·부산·울산·경상 권역

〈풀이〉

2 닭을 가장 많이 키우는 마을은 닭 1000마리를 나타내는 그림( )이 가장 많은 다 마을이고, 4개, 1개이므로 4100마리입니다.

3 닭 1000마리를 나타내는 그림( )이 가 마을보다 적은 마을은 나 마을과 라 마을입니다.

2ab

1 2, 2　　2 9, 9
3 1, 5, 1, 5
4

국가	배출량
대한민국	이산화 탄소 이산화 탄소 이산화 탄소
독일	이산화 탄소 이산화 탄소 이산화 탄소 이산화 탄소 이산화 탄소 이산화 탄소 이산화 탄소 이산화 탄소 이산화 탄소
미국	이산화 탄소 이산화 탄소 이산화 탄소 이산화 탄소 이산화 탄소 이산화 탄소
브라질	이산화 탄소 이산화 탄소

5 미국, 15　　6 브라질, 2
7 13

〈풀이〉

4 (이산화 탄소)은 10 t, (이산화 탄소)은 1 t을 나타내므로 국가별 1인당 이산화탄소 배출량에 맞게 그림으로 나타냅니다.

5~7 1인당 이산화 탄소 배출량이 가장 많은 국가는 미국으로 15 t이고, 가장 적은 국가는 브라질로 2 t입니다.
따라서 그 차는 15−2=13 (t)입니다.

3ab

1 8만　　2 3, 5
3 1, 8
4

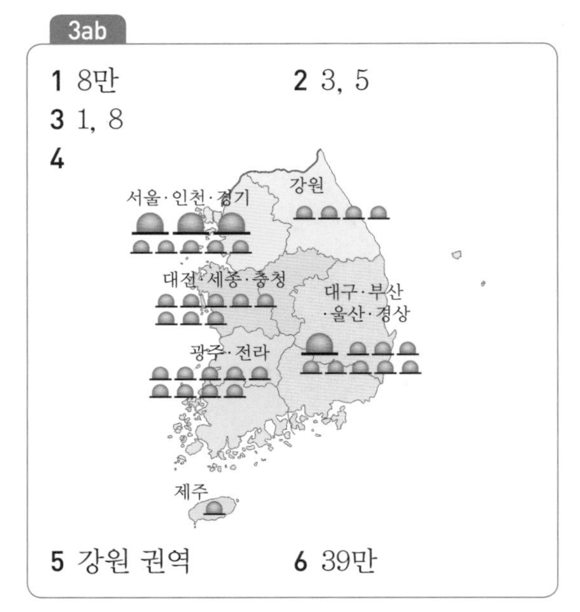

5 강원 권역　　6 39만

〈풀이〉

2 서울·인천·경기 권역의 119 구조대 출동 건수는 35만 건이므로 3개, 5개로 나타냅니다.

5 이 없는 4곳 중 의 수가 가장 적은 권역은 제주 권역이고, 두 번째로 적은 권역은 강원 권역입니다.

6 서울·인천·경기 권역과 강원 권역의 그림 수의 합을 구하면 두 권역의 출동 건수의 합은 3개, 9개로 39만 건입니다.

4ab

1 2500, 3300, 4300
2

마을	배추 수 어림값
가	
나	
다	
라	

3 라 마을
4 34000, 41000, 17000

5

6 7000

〈풀이〉

1 십의 자리 숫자가 0, 1, 2, 3, 4이면 버리고, 5, 6, 7, 8, 9이면 올립니다.

2 나 마을: 2500포기는 2개, 5개로 나타냅니다.
다 마을: 3300포기는 3개, 3개로 나타냅니다.
라 마을: 4300포기는 4개, 3개로 나타냅니다.

3 배추 1000포기를 나타내는 그림( )이 가장 많은 마을은 가 마을이고, 두 번째로 많은 마을은 라 마을입니다.

6 가 마을: 34000가구, 다 마을: 41000가구
⇨ 41000−34000=7000(가구)

5ab

1 2100, 900, 1000, 300, 1600, 100
2 2, 1
3 1, 6
4

5 3
6 ㉠ 대구·부산·울산·경상 권역의 초등학교 수가 두 번째로 많습니다. 대전·세종·충청 권역과 제주 권역의 초등학교 수를 더하면 약 1000개입니다.

〈풀이〉

5 초등학교 수의 어림값이 강원 권역은 300개이고, 제주 권역은 100개이므로 약 3배입니다.

6ab

1 띠그래프에 ○표
2 20
3 15
4 100
5 5
6 띠그래프
7 25
8 10
9 100
10 5

〈풀이〉

5 눈금 2칸이 10 %이므로 작은 눈금 한 칸의 크기는 10÷2=5 (%)입니다.

7ab

1 25
2 포도
3 30
4 ㉠ 알 수 없습니다.
5 20
6 동화책
7 위인전, 25
8 2

〈풀이〉

3 띠그래프에서 가장 높은 비율을 차지하는 과일을 찾으면 딸기로 전체의 30 %입니다.

8 과학책: 30 %, 동화책: 15 %
⇨ 30÷15=2(배)

8ab

1 20
2 (1) 40 (2) 30 (3) 20 (4) 10
3
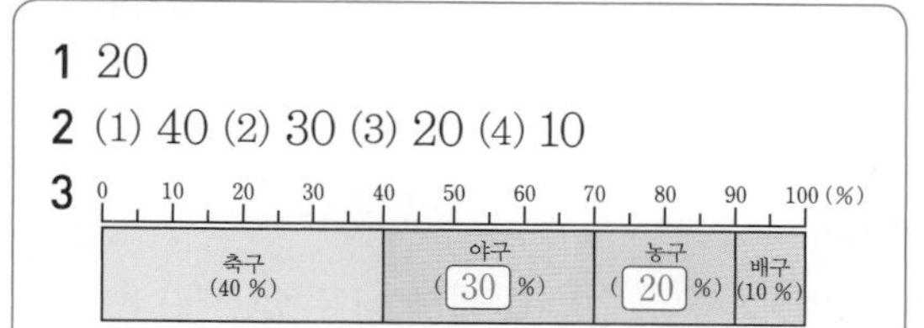

4 300

5 (1) 35 (2) 30 (3) 20 (4) 15

6 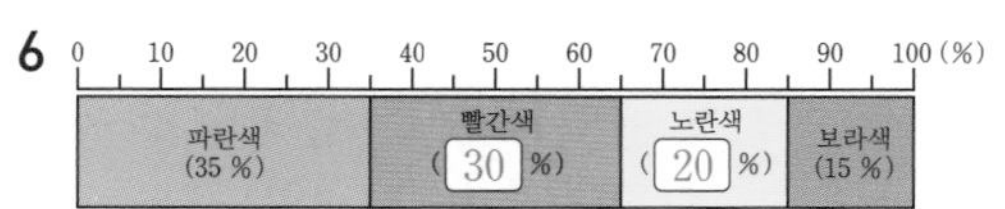

〈풀이〉

1 합계를 보면 조사한 전체 학생 수를 알 수 있습니다.

9ab

1 40

2 (1) 35 (2) 20

3 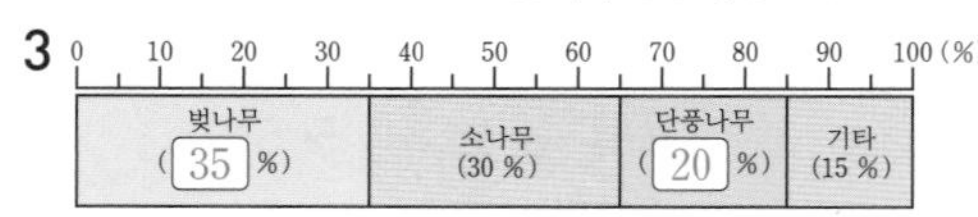

4 100

5 (1) 20 (2) 24

6 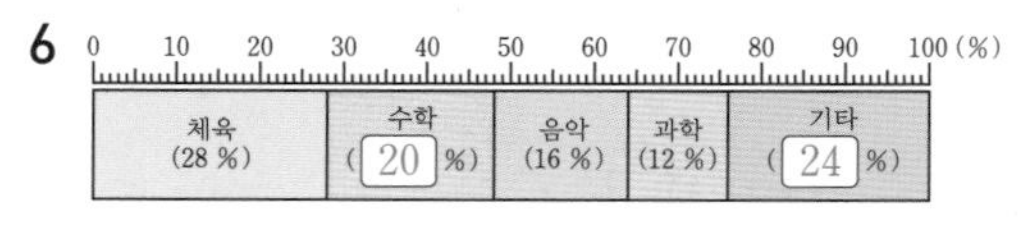

10ab

1 30

2

종류	병원	약국	한의원	기타	합계
시설 수(개)	12	9	3	6	30
백분율(%)	40	30	10	20	100

0 10 20 30 40 50 60 70 80 90 100 (%)
병원 (40 %) | 약국 (30 %) | 한의원 (10 %) | 기타 (20 %)

3 4

4 20

5

반	1반	2반	3반	4반	5반	합계
학생 수(명)	8	16	20	12	24	80
백분율(%)	10	20	25	15	30	100

0 10 20 30 40 50 60 70 80 90 100 (%)
1반 (10 %) | 2반 (20 %) | 3반 (25 %) | 4반 (15 %) | 5반 (30 %)

6 3

〈풀이〉

1 (의료 시설 수)=12+9+3+6=30(개)

2 약국: $\frac{9}{30}\times100=30$ (%)

기타: $\frac{6}{30}\times100=20$ (%)

3 병원 수: 12개, 한의원 수: 3개
⇨ 12÷3=4(배)
[다른 풀이] 병원: 40 %, 한의원: 10 %
⇨ 40÷10=4(배)

4 (3반 학생 수)=80−8−16−12−24=20(명)

11ab

1 20

2 (1) 35 (2) 30 (3) 20 (4) 15

3 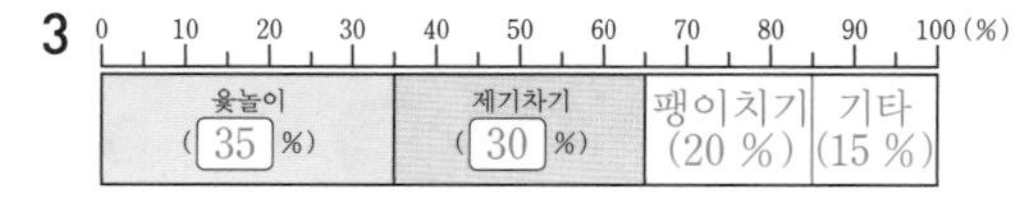

4 40

5 (1) 40 (2) 25
(3) 8, 20 (4) 6, 15

6 0 10 20 30 40 50 60 70 80 90 100 (%)
피아노 (40 %) | 통기타 (25 %) | 플루트 (20 %) | 바이올린 (15 %)

〈풀이〉

3 작은 눈금 한 칸은 5 %를 나타내므로 팽이치기는 4칸, 기타는 3칸으로 띠를 나눕니다.

12ab

1 (1) 30 (2) 6, 20 (3) $\frac{3}{30}$, 10

2 100

3 0 10 20 30 40 50 60 70 80 90 100 (%)
개 (40 %) | 고양이 (30 %) | 토끼 (20 %) | 햄스터 (10 %)

4 (1) 28 (2) 5, 20 (3) $\frac{4}{25}$, 16

5 100

6 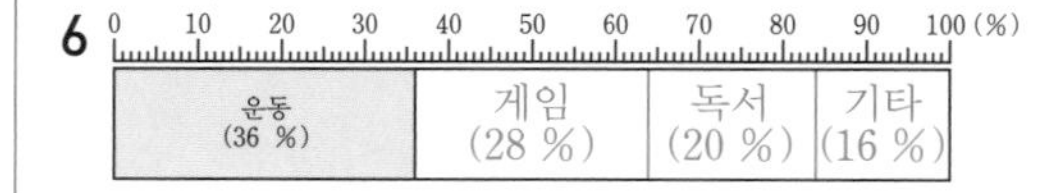

〈풀이〉

4 (1) 게임: $\frac{7}{25}\times100=28$ (%)

(2) 독서: $\frac{5}{25}\times100=20$ (%)

(3) 기타: $\frac{4}{25}\times100=16$ (%)

5 36+28+20+16=100 (%)

6 각 항목이 차지하는 백분율의 크기만큼 선을 그어 띠를 나누고 나눈 띠 위에 각 항목의 내용과 백분율을 씁니다.

13ab

1 14
2 (1) 30 (2) 8, 20
3

학용품 (35 %)	책 (30 %)	장난감 (20 %)	옷 (15 %)

4 5
5 (1) 7, 28 (2) $\frac{3}{25}$, 12
6

상추 (28 %)	토마토 (20 %)	감자 (16 %)	당근 (12 %)	기타 (24 %)

〈풀이〉

1 (학용품을 내놓은 학생 수)
=40−12−8−6=14(명)

3 작은 눈금 한 칸은 5 %를 나타내므로 학용품은 7칸, 책은 6칸, 장난감은 4칸, 옷은 3칸으로 띠를 나눕니다.

14ab

1 12, 9, 6, 3, 30
2 40, 30, 20, 10, 100
3

맑음 (40 %)	비 (30 %)	흐림 (20 %)	구름 (10 %)

4 (맑음)　　5 3

〈풀이〉

1 맑음: 12일, 비: 9일, 흐림: 6일,
구름: 3일 ⇨ 12+9+6+3=30(일)

2 맑음: $\frac{12}{30}\times100=40$ (%)

비: $\frac{9}{30}\times100=30$ (%)

흐림: $\frac{6}{30}\times100=20$ (%)

구름: $\frac{3}{30}\times100=10$ (%)

4 띠그래프에서 가장 높은 비율을 차지하는 날씨는 40 %인 맑음 입니다.

5 비: 30 %, 구름: 10 %
⇨ 30÷10=3(배)

15ab

1 6, 5, 7, 5, 2, 25
2 치킨　　3 만두, 떡볶이
4 24, 20, 28, 20, 8, 100
5

피자 (24 %)	김밥 (20 %)	치킨 (28 %)	빵 (20 %)	기타 (8 %)

6 빵　　7 44　　8 피자

〈풀이〉

3 만두와 떡볶이는 각각 1명으로 기타에 넣었습니다.

6 김밥과 빵이 각각 20 %로 좋아하는 학생 수의 비율이 같습니다.

7 피자: 24 %, 빵: 20 %
⇨ 24+20=44 (%)

8 기타는 8 %이므로 3배는 24 %입니다.
따라서 좋아하는 간식의 비율이 기타의 3배인 간식은 피자입니다.

16ab

1 300
2 75, 30, 300 / 30, 20, 15, 100
3 (띠그래프: 0 10 20 30 40 50 60 70 80 90 100 (%) — 보드게임 (30 %), 줄넘기 (25 %), 축구 (20 %), 독서 (15 %), 기타 (10 %))
4 보드게임　5 45
6 보드게임, 줄넘기　7 독서
8 ㉡, ㉢, ㉤, ㉣, ㉠ 또는 ㉠, ㉡, ㉢, ㉤, ㉣

〈풀이〉

1 보드게임: 90명, 줄넘기: 75명, 축구: 60명, 독서: 45명, 기타: 30명
⇨ 90+75+60+45+30=300(명)

4 띠그래프의 길이가 가장 긴 것은 보드게임입니다.

5 줄넘기: 25 %, 축구: 20 %
⇨ 25+20=45 (%)

6 비율이 25 % 이상인 것은 30 %인 보드게임, 25 %인 줄넘기입니다.

7 보드게임은 30 %이므로 $\frac{1}{2}$은 15 %입니다. 점심시간에 하는 활동 중 15 %인 것은 독서입니다.

17ab

1 40000
2 16000, 7200, 40000 / 20, 14, 8, 100
3 (띠그래프: 0 10 20 30 40 50 60 70 80 90 100 (%) — 저금 (40 %), 군것질 (20 %), 학용품 (18 %), 불우 이웃 돕기 (14 %), 기타 (8 %))
4 불우 이웃 돕기　5 저금, 40
6 38　7 군것질
8 ㉠ 군것질을 하는 데 사용한 용돈의 백분율은 20 %입니다. 저금을 하는데 사용한 용돈은 기타의 5배입니다.

〈풀이〉

2 군것질: $\frac{8000}{40000}\times100=20$ (%)

불우 이웃 돕기: $\frac{5600}{40000}\times100=14$ (%)

기타: $\frac{3200}{40000}\times100=8$ (%)

3 저금 40 %, 군것질 20 %, 학용품 18 %, 불우 이웃 돕기 14 %, 기타 8 %에 맞게 선을 그어 띠를 나누고 나눈 띠 위에 각 항목의 내용과 백분율을 씁니다.

5 가장 높은 비율을 차지하는 쓰임새를 찾으면 저금으로 전체의 40 %입니다.

6 군것질: 20 %, 학용품: 18 %
⇨ 20+18=38 (%)

7 저금은 40 %이므로 $\frac{1}{2}$은 20 %입니다. 용돈의 쓰임새 중 20 %인 것은 군것질입니다.

18ab

1 원그래프에 ○표　2 40
3 20　4 100　5 원그래프
6 35　7 10　8 100

〈풀이〉

4 오렌지: 40 %, 포도: 30 %, 사과: 20 %, 망고: 10 %
⇨ 40+30+20+10=100 (%)

19ab

1 수학　2 국어
3 많습니다에 ○표　4 15
5 나 신문, 35　6 다 신문

〈풀이〉

1 원그래프에서 차지하는 부분이 가장 넓은 것은 수학입니다.

3 원그래프에서 차지하는 부분이 넓을수록 즉, 비율이 높을수록 학생 수가 많습니다.

20ab

1 15	**2** 45
3 2	**4** 20
5 부산, 25	**6** 제주

〈풀이〉

1 원그래프에서 각 항목별 백분율의 합계는 100 %입니다.
⇨ 100−40−25−20=15 (%)

2 태권도: 25 %, 줄넘기: 20 %
⇨ 25+20=45 (%)

3 수영의 비율은 40 %, 줄넘기의 비율은 20 %이므로 40÷20=2(배)입니다.

5 30>25>20>15>10이므로 두 번째로 많은 학생들이 수학여행을 가고 싶은 지역은 부산이고 25 %입니다.

6 기타는 10 %이므로 3배는 30 %입니다. 따라서 기타 지역의 3배인 지역은 제주입니다.

21ab

1 (1) 40 (2) 20

2

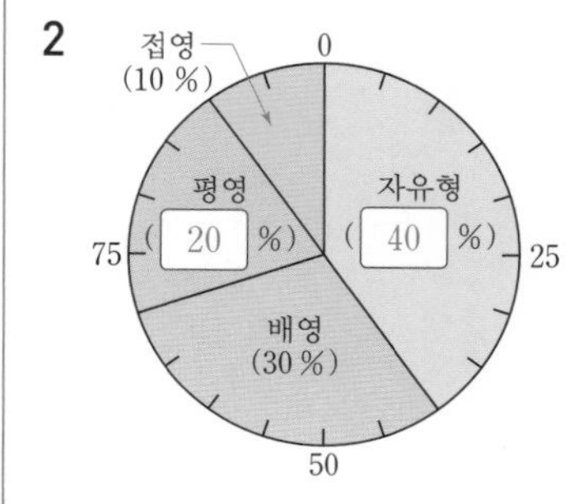

3 (1) 30 (2) 25

4

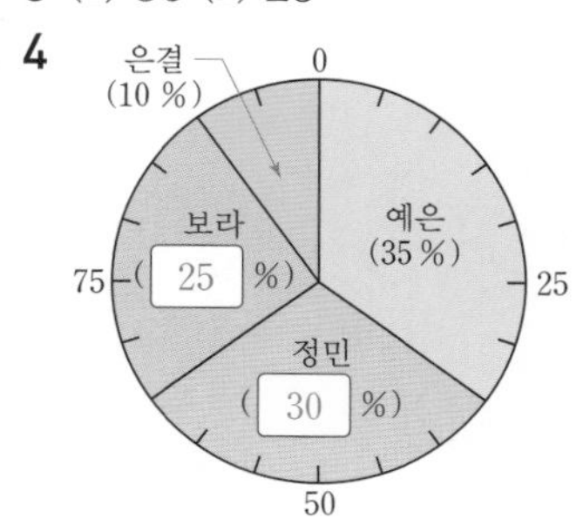

22ab

1 30, 20, 100

2

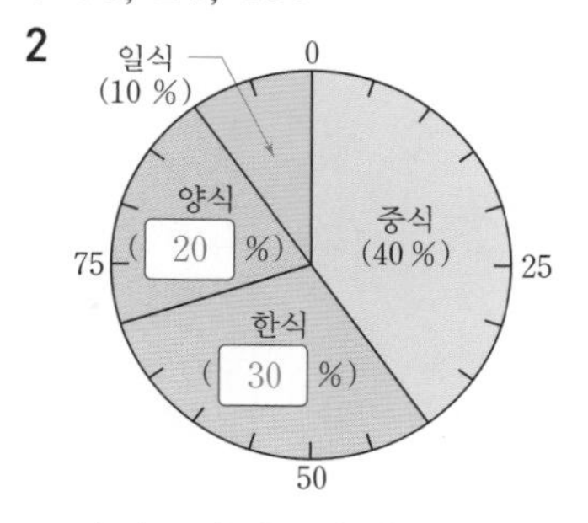

3 일식, 양식, 한식, 중식

4 30, 15, 100

5

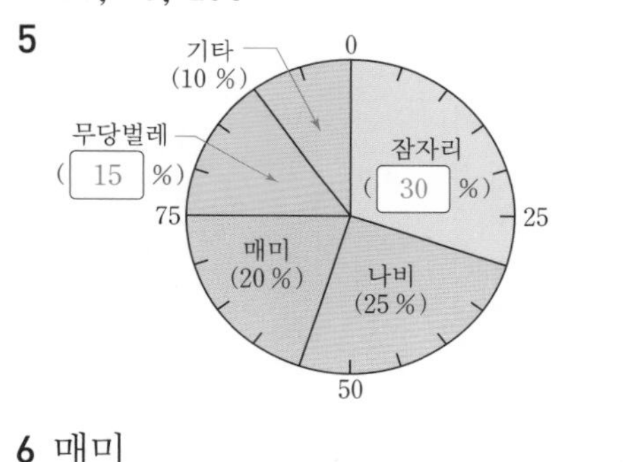

6 매미

〈풀이〉

1 중식: 40 %, 일식 10 %

한식: $\frac{9}{30}\times100=30$ (%)

양식: $\frac{6}{30}\times100=20$ (%)

⇨ 40+30+20+10=100 (%)

3 10<20<30<40이므로 좋아하는 음식 종류별 학생 수가 가장 적은 음식부터 순서대로 쓰면 일식, 양식, 한식, 중식입니다.

4 나비: 25 %, 매미: 20 %, 기타: 10 %

잠자리: $\frac{24}{80}\times100=30$ (%)

무당벌레: $\frac{12}{80}\times100=15$ (%)

⇨ 30+25+20+15+10=100 (%)

6 30>25>20>15>10이므로 세 번째로 높은 비율을 차지하는 곤충은 매미입니다.

23ab

1 (1) 30 (2) 10

2

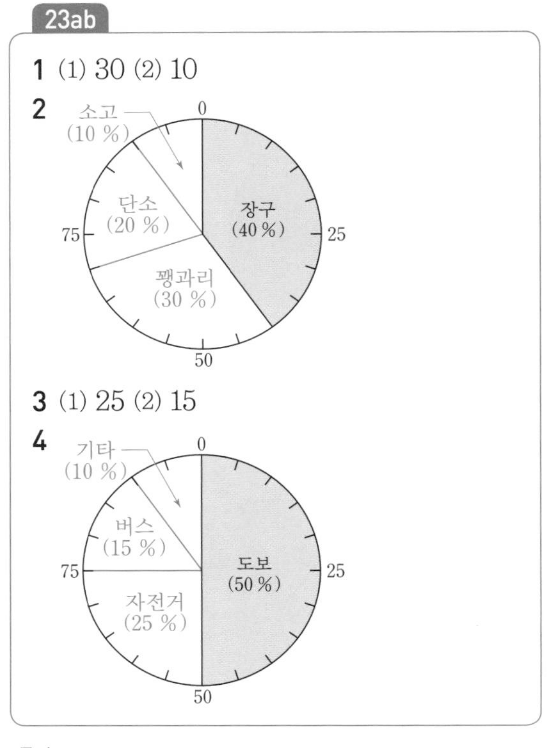

3 (1) 25 (2) 15

4

〈풀이〉

2 각 항목이 차지하는 백분율의 크기만큼 선을 그어 원을 나눈 뒤 나눈 부분에 각 항목의 내용과 백분율을 씁니다.
작은 눈금 한 칸이 5 %를 나타내므로 꽹과리는 6칸, 단소는 4칸, 소고는 2칸으로 원을 나눕니다.

24ab

1 60 2 60 / 20, 15, 100

3

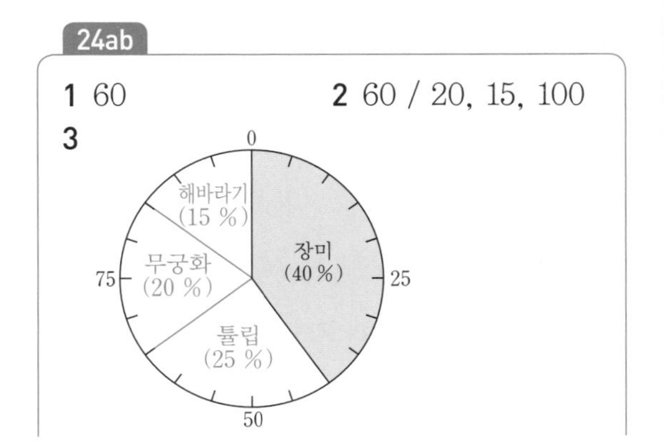

4 8 5 8 / 25, 15, 100

6

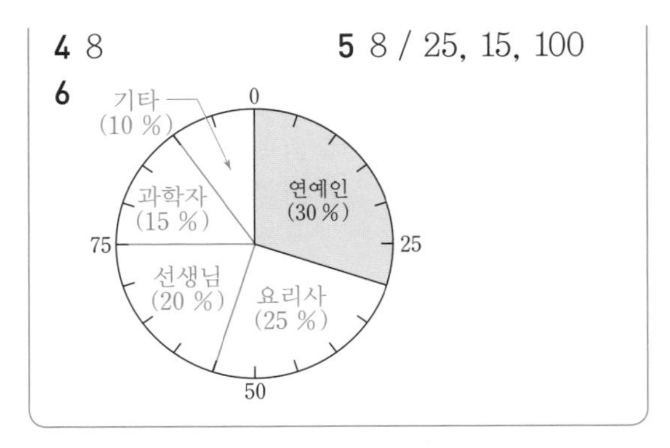

〈풀이〉

1 24+15+12+9=60(송이)

2 장미: 40 %, 튤립: 25 %

무궁화: $\frac{12}{60}\times100=20$ (%)

해바라기: $\frac{9}{60}\times100=15$ (%)

⇨ 40+25+20+15=100 (%)

4 40−12−10−6−4=8(명)

25ab

1 35, 20

2

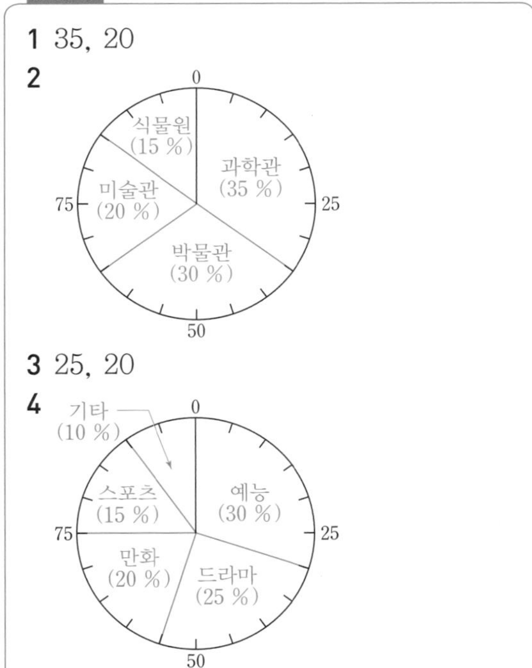

3 25, 20

4

26ab

1 80, 90, 70, 500 / 16, 18, 14, 100
2 1학년
3 2학년과 5학년, 3학년과 6학년
4

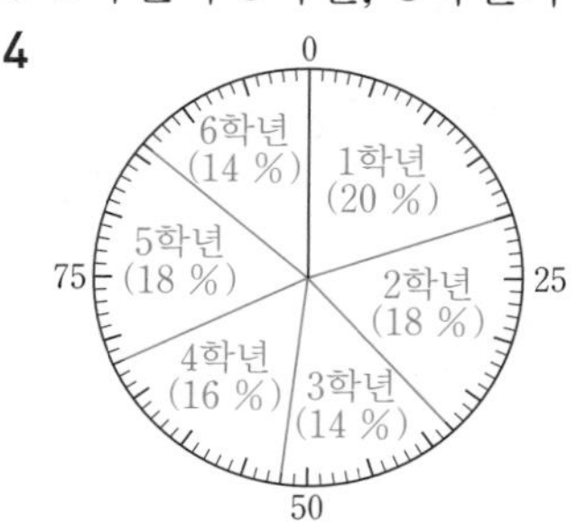

5 1학년, 2학년, 5학년
6 ㉮ 학생 수를 5로 나누면 백분율과 같습니다.

〈풀이〉

3 2학년과 5학년은 각각 18 %로 학생 수가 같고, 3학년과 6학년은 각각 14 %로 학생 수가 같습니다.

5 4학년인 16 %보다 비율이 더 높은 학년은 20 %인 1학년, 18 %인 2학년과 5학년입니다.

27ab

1 9, 12, 9, 60 /
30, 20, 15, 20, 15, 100
2 원숭이, 하마, 코끼리
3 곰, 사자, 기린
4

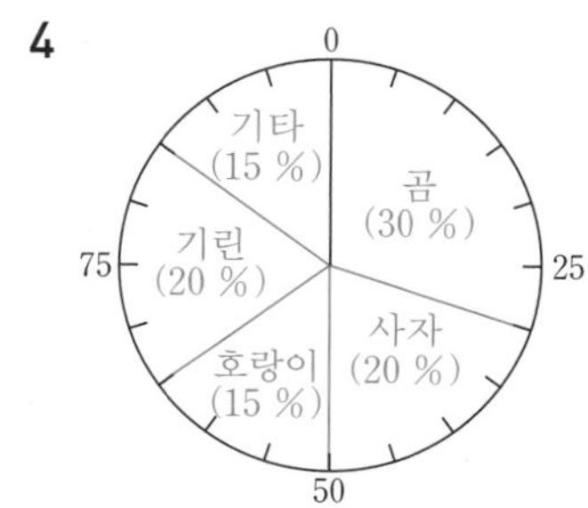

5 기린 6 현우

〈풀이〉

1 곰: $\frac{18}{60}\times100=30$ (%)

사자: $\frac{12}{60}\times100=20$ (%)

호랑이: $\frac{9}{60}\times100=15$ (%)

기린: $\frac{12}{60}\times100=20$ (%)

기타: $\frac{9}{60}\times100=15$ (%)

⇨ 30+20+15+20+15=100 (%)

2 기타에 넣은 동물은 원숭이 4마리, 하마 2마리, 코끼리 3마리입니다.

3 전체 동물 수에 대한 동물 수의 백분율이 20 % 이상인 동물은 30 %인 곰, 20 %인 사자와 기린입니다.

5 사자와 기린은 각각 20 %로 비율이 같습니다.

6 백분율이 높을수록 동물 수가 많고 백분율이 낮을수록 동물 수가 적습니다.

28ab

1 25, 35, 15, 15, 10, 100
2 40, 30, 15, 10, 5, 100
3

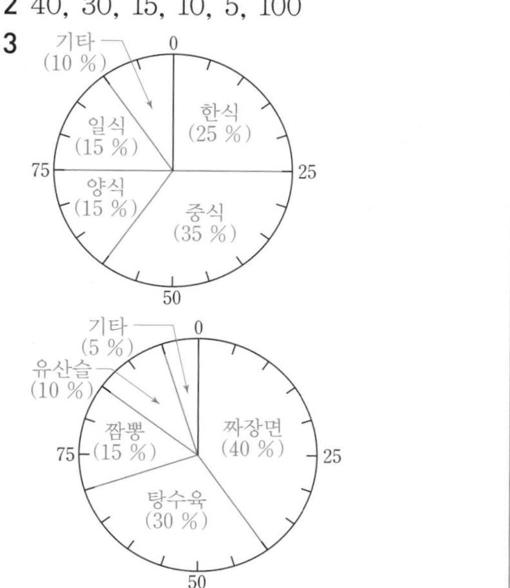

4 양식과 일식 5 ㉡

〈풀이〉

5 가장 많은 학생이 좋아하는 중식의 종류는 짜장면입니다.

29ab

1 10, 25, 45, 20, 100
2 35, 20, 15, 10, 20, 100
3

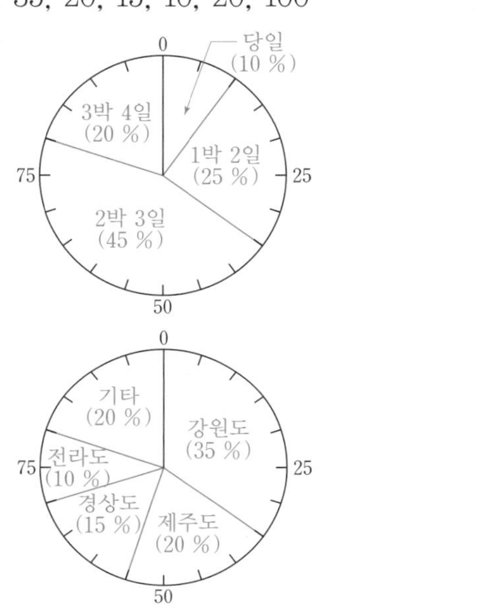

4 서울, 경기도, 충청도
5 ㉡

〈풀이〉

4 기타에 넣은 장소는 5 %인 서울, 7 %인 경기도, 8 %인 충청도입니다.

5 장소별 희망 학생 수의 그래프에서 두 번째로 높은 비율을 차지하는 장소는 제주도입니다.

30ab

1 2 2 7
3 시은 4 15
5 10 6 새롬

〈풀이〉

1 8시간 이상~9시간 미만: 30 %
10시간 이상: 15 %
⇨ $30 \div 15 = 2$(배)

2 9시간 이상~10시간 미만 자는 학생은 전체의 35 %이므로 $20 \times 0.35 = 7$(명)입니다.

3 기타에 해당하는 잠자는 시간은 없습니다.

4 작은 눈금 한 칸은 5 %입니다. 치즈 케이크를 좋아하는 학생은 작은 눈금 3칸이므로 $5 \times 3 = 15$ (%)입니다.
[다른 풀이] 치즈 케이크를 좋아하는 학생은 전체의 $100-35-25-20-5=15$ (%)입니다.

5 20 %가 8명이라면 100 %는 $8 \times 5 = 40$(명)입니다.
따라서 초콜릿 케이크를 좋아하는 학생은 전체의 25 %이므로 $40 \times 0.25 = 10$(명)입니다.

6 기타를 제외하고 치즈 케이크를 좋아하는 학생의 비율이 15 %로 가장 낮습니다.

31ab

1 은색 2 51
3 예 재민이가 사는 동네에는 흰색 자동차가 가장 많습니다. 검정색 또는 은색 자동차는 전체의 48 %입니다.
4 3 5 200
6 예 방과 후 수업에서 요리를 배우는 학생 수가 가장 적습니다. 운동을 배우는 학생 수는 요리를 배우는 학생 수의 2 배입니다.

〈풀이〉

1 $100 \times \frac{1}{5} = 20$ (%)이므로 전체의 $\frac{1}{5}$을 차지하는 자동차 색깔은 은색입니다.

2 기타는 전체의 17 %이므로 기타에 해당하는 자동차는 $300 \times 0.17 = 51$(대)입니다.

4 영어를 배우는 학생은 34 %로 요리를 배우는 학생인 11 %의 약 3배입니다.

5 요리를 배우는 학생 11 %가 22명이므로 1 %는 22÷11=2(명)입니다. 따라서 방과 후 수업을 배우는 학생은 모두 200명입니다.

32ab

1 55　　2 8
3 동화책, 과학책
4 47　　5 2
6 ㊕ 2019년도는 2017년도에 비해 닭, 오리, 돼지 수의 비율은 줄어들었고, 소의 수의 비율은 늘어났습니다.

〈풀이〉

1 동화책: 40 %, 위인전: 15 %
⇨ 40+15=55 (%)

2 과학책: 40 %, 기타: 5 %
⇨ 40÷5=8(배)

3 5학년에서 동화책을 즐겨 읽는 학생은 40 %, 6학년에서 과학책을 즐겨 읽는 학생은 40 %로 전체에 대한 학생 수의 비율이 같습니다.

33ab

1 2　　2 50
3 초등학교, 중학교, 고등학교, 대학교
4 병류　　5 35
6 태민

〈풀이〉

1 초등학교: 40 %, 고등학교: 20 %
⇨ 40÷20=2(배)

2 중학교를 다니는 학생은 전체의 25 %이므로 200×0.25=50(명)입니다.

4 35>25>20>15>5이므로 배출량이 두 번째로 많은 재활용품은 병류입니다.

5 종이류: 20 %, 비닐류: 15 %
⇨ 20+15=35 (%)

6 원그래프는 비율을 나타내는 그래프이므로 원그래프만으로는 각 재활용품의 배출량이 몇 kg인지 알 수 없습니다.

34ab

1 탄수화물　　2 175
3 ㉠　　4 24
5 태희, 혜성, 성훈
6 57

〈풀이〉

3 지방은 14 %, 단백질은 35 %이므로 지방 또는 단백질의 양은 전체의 14+35=49 (%)입니다.

4 (세진이의 득표 수)
=100−32−19−15−10=24 (%)

5 득표 수의 비율이 20 % 미만인 사람은 19 %인 태희, 15 %인 혜성, 10 %인 성훈입니다.

6 태희가 얻은 득표 수는 전체의 19 %이므로 300×0.19=57(표)입니다.

35ab

1 냉장고, 텔레비전
2 44
3 ㊕ 가전제품 가게에서 한 달 동안 가장 많이 판매한 제품은 냉장고입니다. 냉장고 또는 에어컨의 판매량은 전체의 44 %입니다.
4 줄넘기, 독서
5 48　　6 7

〈풀이〉

2 에어컨의 13 %가 26대이므로 1 %는 2대입니다. 따라서 세탁기의 판매량은 2×22=44(대)입니다.

5 6학년 여학생 수와 남학생 수가 같으므로 각각 100명입니다.
(독서를 하고 싶어 하는 여학생 수)
$=100\times0.28=28$(명)
(독서를 하고 싶어 하는 남학생 수)
$=100\times0.2=20$(명)
⇨ $28+20=48$(명)

36ab

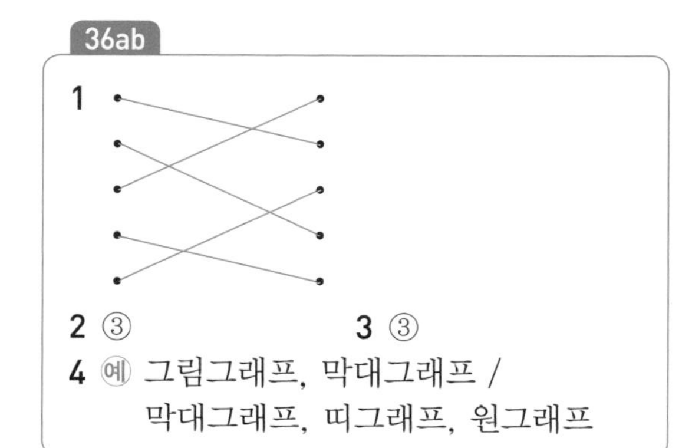

1

2 ③　　3 ③

4 예 그림그래프, 막대그래프 / 막대그래프, 띠그래프, 원그래프

〈풀이〉

2~3 꺾은선그래프는 시간에 따라 연속적으로 변하는 양을 나타내는 데 편리합니다.

37ab

1 20, 8, 15

2

(t) 20, 10, 0
생산량 / 마을: 가, 나, 다, 라

3 70, 40, 30 / 30, 15

4 0 10 20 30 40 50 60 70 80 90 100 (%)

바나나 (35 %)	사과 (30 %)	포도 (20 %)	귤 (15 %)

〈풀이〉

3 그림그래프를 보면 바나나를 좋아하는 학생은 70명, 포도를 좋아하는 학생은 40명, 귤을 좋아하는 학생은 30명입니다.

사과: $\frac{60}{200}\times100=30$ (%)

귤: $\frac{30}{200}\times100=15$ (%)

4 작은 눈금 한 칸이 5 %를 나타내므로 바나나는 7칸, 사과는 6칸, 포도는 4칸, 귤은 3칸으로 띠를 나눕니다.

38ab

1

1500, 900 / 40, 20, 15

2

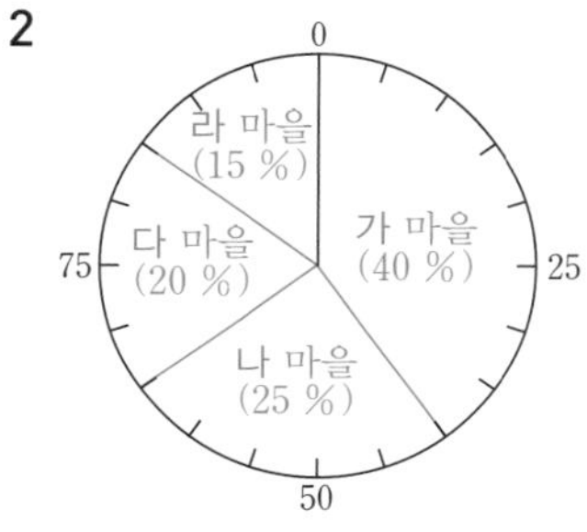

3 24, 36, 28, 12, 100

4 0 10 20 30 40 50 60 70 80 90 100 (%)

30분 미만 (24 %)	30분~60분 (36 %)	60분~90분 (28 %)	90분 이상 (12 %)

5

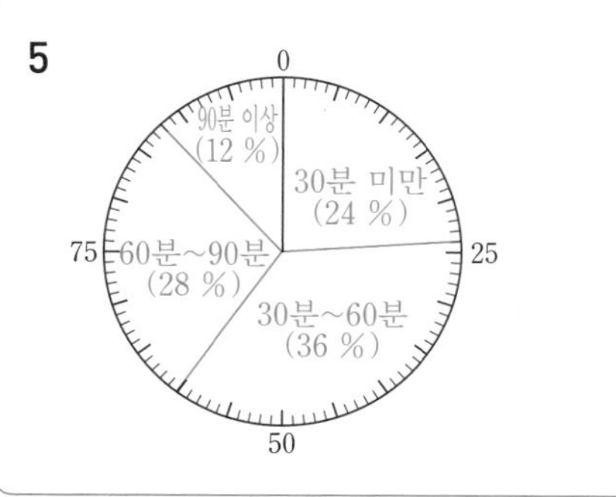

〈풀이〉

1 그림그래프를 보면 나 마을의 인터넷 가입 가구 수는 1500가구이고, 라 마을의 인터넷 가입 가구 수는 900가구입니다.

가 마을: $\frac{2400}{6000}\times100=40$ (%)

다 마을: $\frac{1200}{6000}\times100=20$ (%)

라 마을: $\frac{900}{6000}\times100=15$ (%)

2 작은 눈금 한 칸이 5 %를 나타내므로 가 마을은 8칸, 나 마을은 5칸, 다 마을은 4칸, 라 마을은 3칸으로 원을 나눕니다.

3 30분 미만: $\frac{120}{500}\times100=24$ (%)

30분 이상~60분 미만: $\frac{180}{500}\times100=36$ (%)

60분 이상~90분 미만: $\frac{140}{500}\times100=28$ (%)

90분 이상: $\frac{60}{500}\times100=12$ (%)

39ab

1

600, 300 / 35, 20

2

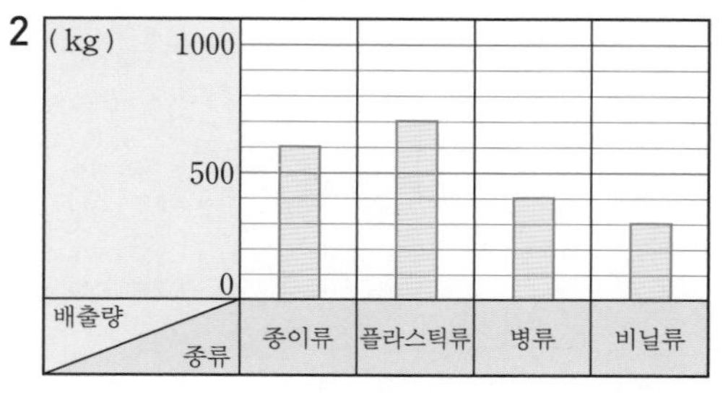

3

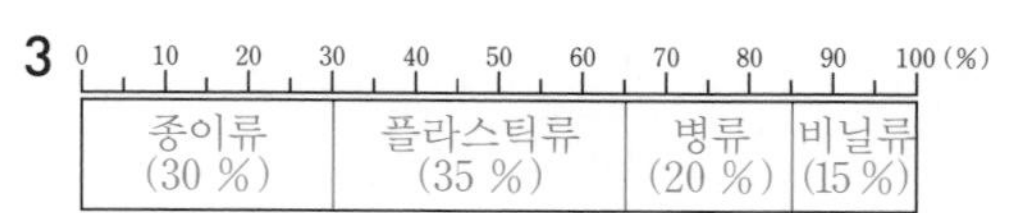

4

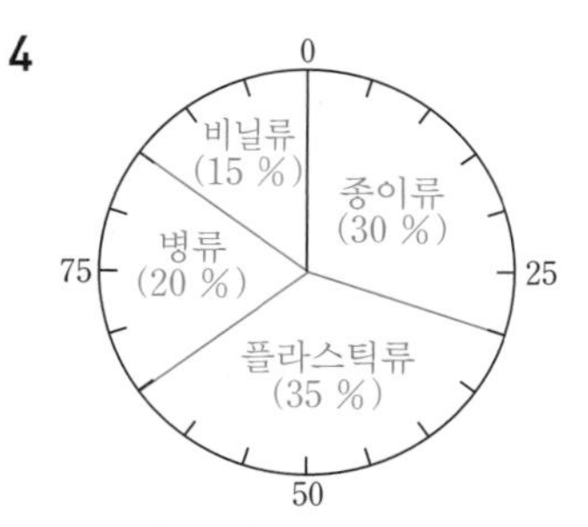

5 ㉮ 원그래프, 전체 재활용품 배출량에 대한 재활용품별 배출량의 비율을 비교하기 쉽기 때문입니다.

〈풀이〉

1 그림그래프를 보면 종이류의 배출량은 600 kg이고, 비닐류의 배출량은 300 kg입니다.

플라스틱류: $\frac{700}{2000}\times100=35$ (%)

병류: $\frac{400}{2000}\times100=20$ (%)

3~4 작은 눈금 한 칸이 5 %를 나타내므로 종이류는 6칸, 플라스틱류는 7칸, 병류는 4칸, 비닐류는 3칸으로 띠와 원을 나눕니다.

5 전체에 대한 각 부분의 비율을 한눈에 알아보기 쉬운 것은 비율그래프이므로 띠그래프와 원그래프를 이용하면 재활용품별 배출량 비교가 편리합니다.

40ab

1 운동장 **2** 3

3 38

4

규칙	학생 수
위험한 곳에 가지 않기	
경기 규칙 잘 지키기	
놀이 기구의 바른 사용법 익히기	
친구와 장난치지 않기	
기타	

5 210

6 ㉮ 복도에서 뛰어다니지 않습니다.

〈풀이〉

1 원그래프에서 차지하는 부분이 가장 큰 것은 운동장입니다.

2 운동장은 35 %로 교실 12 %보다 안전사고가 약 3배 더 많이 발생합니다.

3 복도: 26 %, 교실: 12 %
⇨ 26+12=38 (%)

5 학생 수가 가장 많은 규칙인 친구와 장난치지 않기와 학생 수가 가장 적은 규칙인 기타의 그림 수를 비교하면 큰 그림 2개, 작은 그림 1개만큼 차이가 나므로 210명입니다.

성취도 테스트

1 10만, 1만 **2** 28만

3 2

4 (1) 35 (2) 30 (3) 20 (4) 15

5

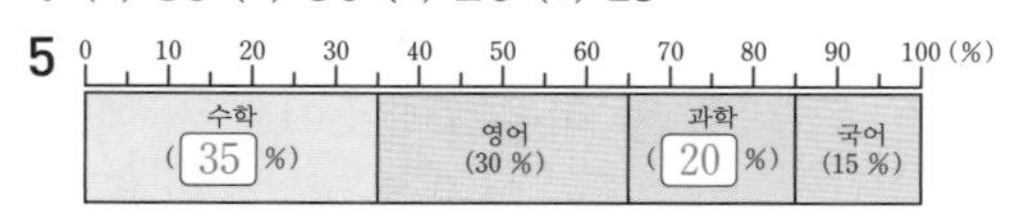

6 수학 **7** 50

8 농구, 수영 **9** 70

10 ㉠

11 28, 8, 80 / 40, 15, 100

12

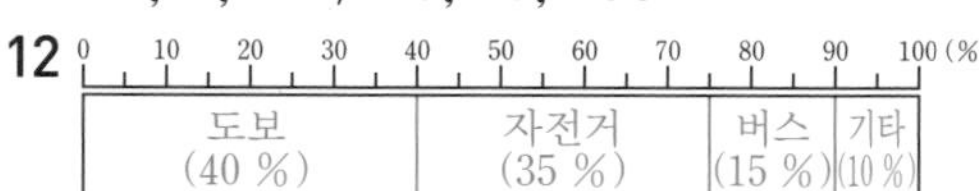

13

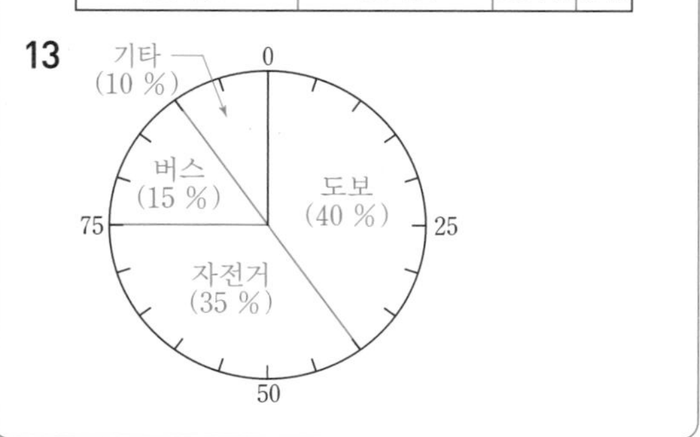

〈풀이〉

2 광주·전라 권역의 초등학생은 큰 그림 2개, 작은 그림 8개이므로 28만 명입니다.

3 강원 권역: 8만 명, 제주 권역: 4만 명
⇨ 8만÷4만=2(배)

6 띠그래프에서 가장 높은 비율을 차지하는 과목은 수학입니다.

7 영어: 30 %, 과학: 20 %
⇨ 30+20=50 (%)

8 농구와 수영은 각각 20 %로 비율이 같습니다.

9 축구를 좋아하는 학생은 전체의 35 %이므로 200×0.35=70(명)입니다.

10 각 항목별 백분율의 합계는 100 %입니다.

11 도보: 32명, 자전거: 28명, 버스: 12명, 기타: 8명
⇨ 32+28+12+8=80(명)

도보: $\frac{32}{80}\times100=40$ (%)

버스: $\frac{12}{80}\times100=15$ (%)

12~13 작은 눈금 한 칸이 5 %를 나타내므로 도보는 8칸, 자전거는 7칸, 버스는 3칸, 기타는 2칸으로 띠와 원을 나눕니다.